KB248184

도시소녀
귀농기

도시소녀 귀농기2

ⓒ 에른 2019

초판 1쇄　　2019년 01월 31일

지은이　　에른

출판책임　　박성규
편집주간　　선우미정
디자인진행　　조미경
편집　　박세중·이동하·이수연
디자인　　김원중·김정호
기획마케팅　　나다연
영업　　이광호
경영지원　　김은주·장경선
제작관리　　구법모
물류관리　　엄철용

펴낸이　　이정원
펴낸곳　　도서출판 들녘
등록일자　　1987년 12월 12일
등록번호　　10-156

주소　　경기도 파주시 회동길 198
전화　　031-955-7374 (대표)
　　031-955-7381 (편집)
팩스　　031-955-7393
이메일　　dulnyouk@dulnyouk.co.kr
홈페이지　　www.dulnyouk.co.kr

ISBN　　979-11-5925-384-3 (04520)
　　979-11-5925-382-9 (세트)

CIP　　2019001507

이 도서의 국립중앙도서관 출판예정도서목록(CIP)은 서지정보유통지원시스템 홈페이지(http://seoji.nl.go.kr)와 국가자료공동목록시스템(http://www.nl.go.kr/kolisnet)에서 이용하실 수 있습니다.

도시소녀 귀농기

돌녘

2

앵자 글·그림 에른

차례

지은

평범한 취업준비생. 대도시에서 자라 농업 지식은 물론 뚜렷한 목표도 없이 부모님의 귀농에 합류했다. 하지만 점차 흥미를 느끼기 시작하면서 하고 싶은 일을 찾아 나선다. 동물들과 즐겁게 살고 싶다는 소망이 그의 꿈이자 원동력.

해주

옥순 씨와 국진 씨의 딸. 귀농을 할 생각은 없으나 지은과 함께 수박을 키워보기로 한다. 첫 농사라 이것저것 다 엉망이지만 꽃이 피고 열매가 매달린 순간만큼은 각별하다.

형님

국진 씨와 먼 친척뻘 되는 형. 마을을 유지하기 위해 십여 년 전부터 귀농하는 사람들을 도왔다. 주인공 일행에겐 가이드 겸 마을과의 연결고리. 농사 경험이 무척 풍부한 편이다.

막금 씨

건강 문제로 퇴사를 결심하고 주도적으로 귀농을 추진했다. 어릴 때 강원도에서 서울로 이주해 농사 경험이 없기는 매한가지. 예쁜 집을 지어 주변을 온통 꽃밭으로 만들고 픈 로망이 있다.

옥순 씨

막금 씨와 막역한 지기로, 지은도 옥순을 '이모'라 호칭할 만큼 가까운 사이다. 막금 씨와는 성향이 달라 여러모로 부족한 부분을 의지하는 든든한 귀농 파트너.

재석 씨

난을 재배할 온실을 지을 수 있겠다는 생각에 귀농에 흔쾌히 참여했지만 은퇴 이후의 삶에 어느 정도 두려움이 앞서는 중년. 그래도 국진 씨와 콤비를 이뤄 뭐든지 직접 해보려고 노력한다.

국진 씨

어쩌다 보니 귀농한 곳이 국진 씨의 먼 친척들이 사는 마을. 덕분에 초반에 많은 도움을 얻게 되었다. 하지만 그에 만족하지 않고 굉장한 열의를 불태우며 자력으로 기반을 쌓아나간다.

29화 손 없는 날

으야양~!
박삭

퐁
당

봐라. 달걀이 수면 위로
500원 동전만큼 올라오면
소금기가 적당한 거란다.
둥
둥

오-
머~엉~

어디 아픈가?
어째 둘 다 기운이 없네-.
??
?
주원과 주언의 할머니

얘야 거기
초록바구니 좀
밀어다오.

장 만들어본 적 없지?
네 처음이에요.

올해는 메주 띄울
시간이 없었으니
우리 집 걸 쓰도록 해.
메주 띄우는 법은
적당한 때에
다시 알려줌세.
스으으

참 자네들.
콩도 심을 거라
했던가?

안 그래도
저녁 때 뭘 심을지
의논해보려고요.

그래.
너무 욕심은
부리지 말고.

괜히 돈 때문에 처음부터
담배니 인삼이니 시작했다가
금방 포기하고
돌아가버릴라.

일단 산에 심을
나무 종류부터
정해볼까 해요.
오래 키워야 하니까
더 신중하게 골라야
할 것 같아서-

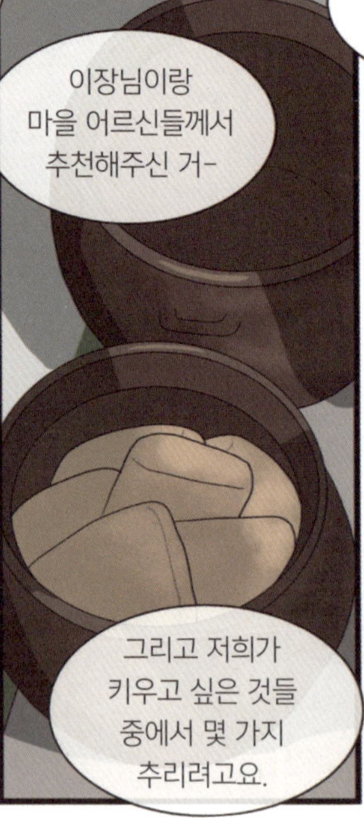

이장님이랑
마을 어르신들께서
추천해주신 거-
그리고 저희가
키우고 싶은 것들
중에서 몇 가지
추리려고요.

음- 나무는 적어도
2년 이상 키워야 뭐가
제대로 열리니까.
일찍 심어두고
그동안 밭작물로
생계를 꾸려야겠구만.

근데 이번 해에도 주말에만 왔다 갔다 할 생각인 거야?

그게 좀 고민이에요.
사업을 접고 바로 내려와야 할지. 아님 벌 수 있는 만큼 바짝 벌고 올지.

저흰 아주 당장은 힘들어도 올해 안엔 상주하려고요.
서울에서 이것저것 정리해야 할 게 많네요.

자! 이제 메주가 떠오르지 않게 나뭇가지를 잘 올려두고.
소금물을 부어야지.

그렇다면, 손이 많이 가는 밭작물은 피하는 게 좋겠어.
올해는 그저 농사에 재미 붙이는 데 의미를 두게나.

무거우니까
저희가 들죠.

할머니 이거
우리가 잡을게.
오냐 우리 기특한
똥강아지들.

여기에 화룡점정으로
고추, 대추, 숯을 얹는 거지.
퐁
퐁

스
윽

천천히 붓게.
옳지.

이제 장독대에 두고
두 달쯤 후에
간장이랑 된장으로
나누면 돼.
탕
간장이랑 된장이
원래 하나예요?
에?

이런! 도시 아가씨라 이런 걸
한 번도 못 본 모양이로구나!
우리보다 몰라~
누나 바보야~
폴짝
폴짝

그… 누나는 친할머니도
외할머니도 다 서울에 사셔서
놀러 갈 시골이
딱히 없었거든….

으아아앙-

누나 불쌍해….
니들이 그렇게 말하니까
갑자기 슬퍼진다 야-.
토닥
토닥

이 정도면 두 개 다 올라가겠지?
탕
탕

으
쌰

15.02.20
15.02.20
좋아. 이제 점심이나 먹으러 가지.
칼국수 하려는데 먹을 텐가?

타닥
타닥

훠

야옹-
이야옹-
으으

인석들-
뭐하고 놀다가
이제 왔냐-
후- 후-
후-

이게 경숙이네 의견이고.
이건 영순이네가
까똑으로 보낸 거.

이건 우리
오빠네 거.

흠…
희망 작물들이 어째
죄다… 다들 건강에
고민이 많으신가….

자아 고구마들
들고 하셔-
드륵

근데 약용작물뿐만 아니라 요즘 유행하기 시작한 특용작물에….
얘네들 이걸 설마 다 심고 싶단 얘긴 아니겠지?
호박, 당근, 감자, 고구마 이런 건 각자 텃밭에 먹을 만큼만 심어도 돼.
호박, 오이,
가지, 부ㅊ
수입이 될 만한 작물을 최우선으로 고려해야지.
지~믹
…
근데 아까… 형님이 재미 붙인다는 생각으로 작물을 고르라 하셨잖아.
우물
우물
우물
그게 꼭 이것저것 마구잡이로 심으라는 말씀은 아니었지만
난 올해 여기 있는 것들 가능한 만큼 열심히 시도해봐도 괜찮다고 생각해.
지금이 아니면 우리 땅에 어떤 작물이 잘 자라는지, 알아볼 기회가 흔치 않을 거 같거든.
경험도 없이 주작목 정해서 실패하면 수습도 힘들 것 같고.

그치만 난 어느 정도의 수입은 눈에 보였으면 좋겠어.
우리 공동 지출이 생각보다 많단 말이야.
땅값 빼고도, 집 빌리고 수리하고 필요한 거 사고, 벌목에 이장에-
다음 번에 할 측량도….
안 그래도 묘목 사려면 돈을 조금씩 더 거둬야 해서 불만이 일까 걱정인데-
그럼 나머지는 우리 돈 들여서 잔뜩 사지 뭐!
간단한 문제를 뭘 그리 고민하고 그래요!
여보-!
짝
아얏!
우

우리가 둘 다 일을 그만뒀잖아요.
내가 정규직이 아니어서 변변한 퇴직금도 없었고.
앞으로 생활비며, 아들 녀석 학자금 같은 거 이것저것 따져보면-
우리도 아르바이트를 해야 하지 않을까 싶긴 해요.
에-그 미안합니다. 내가 눈치 없이 너무 의욕만 앞섰네요.
아니에요. 돈 문제만 아니면 이것저것 경험 하는 거 나도 좋다고 생각해요.
게다가~
지금 옥순이 너랑 의견 다툼으로 어색해지고 싶지 않아- 안 그래도 친구들이랑 서먹서먹하잖니~
그래도 조금만 가지 수를 줄이면 좋겠어. 총무의 고충도 알아주면 안 될까?
그래! 도저히 안 될 것 같은 것부터 추려내보자!

♡지울 밭♡
수박
멜론
?

꾸갸
꾸갓
키우는 데 돈이 얼마나
필요한지 알아봐야지….

30화 측량

어떤 작물을 심을지 정하는 과정에서 느낀 건데요.
농사엔 전혀 관심 없는 친구들도 농원에서 어떤 작물을 재배하는지 만큼은 무척이나 궁금해하더라구요.

근데 너희들….

유난히 그걸 궁금해하는 것 같은데….
빤
히
우정 출연: 친구 1,2,3,4

이건 우리한테도 중요한 문제야! 얼른 뭘 심는지 말해보라니까?!
벌떡
으어- 알았어….

어- 밭농사 시작하기 전에 나무를 먼저 심을 거거든.
뭐냐면-
곰곰

감나무!
우리 마을에선 감이 제일 잘 자란대. 그래서 곶감도 무지 많이 얻어먹었다?
먹어 봐 ~
감? 나 감 별로 안 좋아하는데…. 그 다음엔 뭐야?
….
우리 가족이 장이 약해서 매실나무 좀 심기로 했고.
샤아악
어른들이 수익성을 기대하는 건
호두나무.
야 말도 안 된다. 호두가 왜 나무에서 열려?
아니야 나무에서 열린대- 진짜라니까? 물론 나도 이번에 알았지만-
땅에서 나올 것처럼 생겼는데 신기하네-

또 특용작물 아로니아랑-
뭐?!
깜짝
일반   재활용
만세! 들었냐! 아로니아란다!!!
와앙!
우리 그거 매일 요거트에 타 먹거든!
아로니아가 건강에 그렇게 좋다며?
노화방지도 하고 항암효과도 있대!
시끌
시끌
아직 말할 게 더 있는데… 내 말 듣고 있니?!
문경 특산물… 오미자… 나중에 정착하면 그것도…
첫
오오?
선주문 받아라! 내 몫 확보하게!
난 5만 원어치 살래!
척
뒤적
아로니아는 앞으로 3년은 지나야 열매가 제대로 달릴 텐데~ 어쩌지~?
히히
으이씽- 오래 걸리면 걸린다고 미리미리 말을 하란 말이야.
쪼주
욱
헤헹!
도는 미리 져도 대느데-

며칠 후 문경
이제 천천히 내려요!

오케이-

동생들!
형님! 여기까지 올라오셨어요?

차는 있는데 집에 사람이 없기에 일하나 싶어 와봤지.
열심히 하는구만-

빗물 받으려고?
예. 잘 모일지는 모르겠지만-

농수로가 붙어 있질 않으니까 빗물이라도 조금씩 받아두면 더 편하잖아요.

그래. 준비해서 나쁠 거 없지.

물이 풍족해야 농사가 잘 돼.
그런 의미에서 이 땅은 초보 농군에게 그리 좋은 땅이라곤 못하겠구만.

그러게요. 물 길어다 오는 것도 일이겠어요.
땅 살 때는 안 보이던 단점들이 점점 눈에 띄어요.
하하 하핫

그러니 초보지 달리 초보겠나? 집 다 지으면 고생 말고 농수로 주변에 아무 밭이나 하나 빌려서 일해.
허허

*망백 : 91세를 말함. 100세를 바라본다하여 망백.

조심 조심-
으악!!!
뚝당
흠... 정말 이 경사면에 호두를 키울 수 있나?
대롱
대롱
푸우
관리할 때도 여길 오르내려야 하는 거잖아…
안 되겠다. 나무를 잡고 내려가는 게 낫겠어.
쿠컥
더 당기면 끊어질 거야.
?
뚝

끄아아아악!

뭐지? 지은이 목소리 같은데? 넘어졌나?

뱀이라도 나온 거 아니야?
뭐– 별일 없을 거야. 애들 아빠도 같이 있으니까

참 아까 마늘밭 봤지?

응. 아직 추운데도 싹이 많이 올라왔더라!
거의 다 죽지 않고 살아나오는 것 같아.

친구들한테
찍어서
보내줄까?

휘
웅…

…묘목 심는 날에는
다들 올까?

…궁금한데 연락을
못 해봤어.

….

사진 보내면서
살짝 물어볼까…?

그래 그게
제일 자연스럽겠다!

쾅
쾅
드디어 말뚝이 박히네.
벌목 때문에 한 달이나 미뤘어.
땅 분쟁이 있는 경우에는
상대방도 참관하도록
권장한다던데…
하지만
우린 분쟁이
아니잖아.
씨익
웃으면서 대답한 게
좀 꺼림칙하지만…
하긴 그 사람도
측량하면 돌려주겠다고
분명히 말했어.
그래…
안 준다고
버틸 줄 알았는데…
하- 걱정된다….
별말없이 돌려준다
했어도
실제로 측량결과를 보고
어떤 반응을 보일지…

그날 오후….

ㄹ ㄹ ㄹㄹ

<측량 의뢰하기>
1. 전국 모든 지자체 민원실 및 LX한국국토정보공사(홈페이지 포함)에 의뢰.
2. 본인의 목적에 부합하는 측량법에 구비서류가 있는지 확인하고 상담 받기.
3. 측량 당일에는 이웃이 함께 참관하기를 권장. (분쟁 및 민원 소지가 있음)
4. 측량 의뢰에는 비용이 발생.
   (한국국토정보공사 홈페이지에서 수수료를 미리 계산해볼 수 있음.)

31화 묘목 심기

딸칵
그래 그래-
우리 예림이
얼른 자러 가자-

경숙아 너는
집에 가 있을래?
울쩍
애가 칭얼거려서
그래야겠다.

일손도 부족한데 미안.
딸내미가 너무 바쁘대서-
데리고 올 수밖에 없었어.
점심은 언제
먹을 거니?
울쩍

글쎄- 두 시쯤?
알았어! 거하게
차려놓고 기다릴게!

…근데 경숙아…
있잖아….

영순이는…
왜 안 온대?
혹시-

응?

아니야~ 얘는~!?
다른 급한 일이 있나 보지~
우리가 뭐 하루 이틀
알던 사이도 아니고-

그냥 못 온다고만 하구-
다른 말이 더 없어서-
오흥흥-

뭔데 뭔데?

있잖아- 이거 영순이가
너희한텐 말하지 말랬는데-
너무 웃겨서 말이야-

타탕
으으- 왜 다짜고짜 화를 냈지?
아 창피해- 사정이라도
먼저 들어볼걸!

사실은 걔 너희한테
어떻게 사과할지 머리
터지게 고민 중이거든.
오홍홍 -

그래 질투! 질투가 나서 그랬던 게
분명해! 걔네 둘이서만 비밀 공유하는
느낌이라서 질투가 났던 거지!
아아
오아아
어 그래…

으아항
그래. 지금 네 모습을 상상해보니까 두 사람이 현명한 판단을 했던 셈이 됐네.
솔직히 걔네가 정확했어.
나 겁나 경숙아-
그 사람들이 너무너무 무섭다구
이 일은 모르는 편이 더 나았을 거야!
호호홍
엄마아아! 엄마 손녀 장난감 전화기 못 봤어?!
내 손녀 이니고 네 딸이라 잘 모르겠는데-
빨리 와서 찾아줘!
그래서 사과를 해야하는데 어떻게-
나좀 도와줘 경숙아-
탁
너는 눈이 없냐 손이 없냐?
여보세요?
경숙아?
그렇게 얘기했으니 걱정 말고 조금만 기다려봐.
하아-
다행이다….

그 시각 산 밑
언니는 오늘 나랑 다니자. 내가 삽질 할 테니까.
늠
름
짝짝짝
오오오오-
난 혼자 할 거야! 오늘은 수입이 쏠쏠할 예정이거든!
나눌 수 없지!
₩ ₩
아그들아 준비 됐니? 그럼 우리는 이제 호두 들고 산으로 간다!
불쑥
우리만? 다른 사람들은?
다른 묘목들은 평지에 심을 거야.
어제 술을 너무 마셔서 속이….
웁- 우욱-
턱 턱
저번에 다친 허리가-
꽁
넌 그때 엉덩이를 조금 쓸렸을 뿐이고
또 넌 맞을 소리를 했지.
질 질

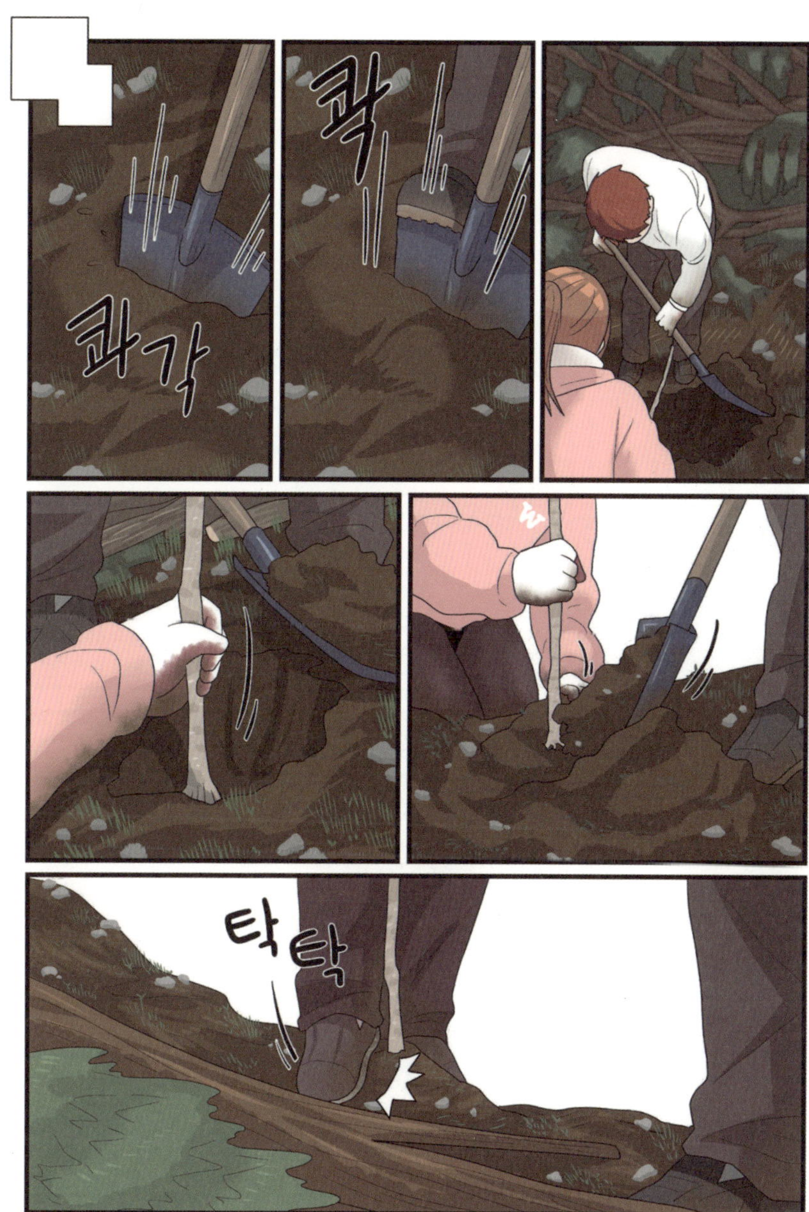
콰각
콱
탁 탁

흔들
흔들
좋아 단단히
자리 잡은 듯!

리본을 좀 헐렁하게
묶어야 하지 않을까?
나무가 금방 클 텐데.
그런가? 나무가
크는 속도를 관찰해본
적이 없어서-

잘 자라라
호두야~
짠

뭐 어차피 눈에 띄게
하려는 것뿐이니까
성장을 방해한다면
본말전도겠지.

밭에다간
뭘 심게 될까?
뭔지 듣긴 했는데
너무 많아서 일일이
열거는 못하겠다.
근데
한마디로-

된장찌개
랄까-?
아-

재미없다-
수박이나
키웠으면 좋겠어-

여름에
실컷 먹게
아주 큰 걸루!

어!?

나도 나도! 그래서
도전해보려고!

직접
기른다고?

원래는 멜론도
기르려고 했는데

그건
노지재배가
힘들대서.

그럼 나도 같이해도
돼? 언니 못 오는 날에
내가 돌볼게!

그럴래? 그럼
어른들한테 텃밭
분양해달라고 하자!

와앙! 수박이다 수박!

같은 시각 측량지
…뭘까?
막대기로 그은 듯한
저 자국은?
측량할 때도 있었어?
아니….
그 사람들일까?
달리 누가 있겠어?
무슨 의미인지
모르겠어ー
이제 어쩌지?
의미 따질 거 없어.
뚜렷한 경계선,
그 이상도 이하도
아니야.
그렇지만 아직
말뚝 근처엔 섣불리
뭘 심지 않는 게
좋겠어.
혹시라도
책 잡힐 일
없게끔.
턱
일어나.
애들 내려오라고 해야지.
점심 먹을 시간 다 됐어.

막금아! 옥순아

이 목소린?

안녕! 경숙이가 점심 다 됐대!
금순아!

어쩐 일이야! 오늘 회사 쉬어?
응. 오늘 바쁜 날 맞지?
와
락

일 손 모자랄 땐 부담 갖지 말고 부르라고 했잖아- 으이구.
훗

도움이 될까 해서 신랑이랑 부랴부랴 달려왔어!
고마워! 생각도 못 했는데!

32화 어떤 종류의 용기
그로부터 2주 후
이 매실나무 키가 조금 큰 거 같지 않니?
아직 심은 지 2주밖에 안 됐어.
네가 금방 자랄 거라구 했었잖아.
이렇게 금방이라곤 하지 않았어-!
근데 이 나무는 모양이 왜 이래? 호두나무는 위로 곧게 뻗었던데.
구부정
이건 나무를 접붙인 거야. 수확량이나 품종의 질을 높이기 위한 기술이랄까.
그러니까 여기 이 위쪽만 매실나무인 셈이지.
아아-

자 그럼 일을 개시해볼까?

쪼끄미...♥

매실나무 먼저 끝내고 감나무 막대 가지러 가자.

알았어.

어디다가 꽂으면 돼?

이쯤에다?

여기에다 꽂자. 접붙인 부분에 맞춰서.

알았어.

콕

바짝 붙여야 돼. 그래야 나무가 굽지 않고 곱게 자란대.

꾹
콱
탕
탕
된 것 같은데?
그럼 리본을 걸고 끈으로 고정!
쓱
쓱
참 해주야 나 그동안 수박에 대해 공부를 좀 했는데-
♪♬
질질질...

생각보다 어렵겠더라. 키우기 쉬운 작물은 아니래.
아 정말?
아마 어른들이 키울 채소보다 훨씬 난이도가 높을 거야.
게다가 난 엄마한테 자투리 땅을 달라고 할 생각이었는데
아 수박은 옆으로 뻗는 식물이잖아-
맞아. 그래서 땅이 더 넓어야 할 것 같아.
게다가 벌레도 많이 꼬이구 비료는 질소를 많이 주면 안 된다구 했어.
질소를 줘?
또 뭐랬더라- 어미순을 자르고 아들순에서 키워야 수박이 잘 자란다고-
뭔 말이여!

언니-
어?
턱
공부 열심히 해.
아앙?!
!!
야 이해주!
수박 키우고 싶다며-
복잡한 건 나한테 다
떠넘기겠다는 거냐~!
아 아 아 아
안 들려
안 들려-
=3
엇?! 언니-!
그만 불평하고
이리 와봐!
왜왜?
뭐 있어?
부러졌어….
이래서 지주대를
해줘야 하는 거야.
접목한 나무는
바람에 부러지기
쉽다고 했거든.
아- 그치만
이것 좀 봐!
뒤쪽에
싹이 났어-!
귀여워♥
떡 하니 중간에-!
이건 어떤 나무로
자라려나?

이렇게- 트레일러를 떼고 쟁기를 연결시키면
비교적 쉽게 밭을 갈 수 있지.
요샌 더 좋은 기계들이 많긴 하지만 말이야.
덕분에 센터까지 빌리러 가는 수고를 덜었어요. 감사합니다 형님!

많이 낡은 거라- 중간에 부러질 수도 있어.

자 잡아봐. 그냥 경운기 운전하는 거랑은 또 다르다네.

제가 경운기 운전은 쫌 합니다!
그래 그래-

자 출발!
당당당당

당당당

덜컹
당당당
당당
어때요?
잘하죠?
한눈 팔지마~
위험하니까.

우와?
해액
손잡이를 놔!
놓으라구!
와악

구불
구불

어렵네요!!!
하하핫

그럼 이번엔 제가!
슥

동생…
허허

그렇게 엉덩이를
빼지 않아도 괜찮아.
히히
아-

그날 밤
쓰악

조 — 용

저어- 묘목 심느라
힘들었지…? 나도 그날
왔어야 했는데 너무 급한 일이
생겨버려서….

아니야 괜찮아-
이해해 이해해-.
그래도 오늘은
이렇게 와줬잖아.

근데 내일 쪼그려 앉아서
일하려면 힘들지 않을까?
너희 의자 같은 거 필요하지 않-
쉬엄쉬엄 하면 돼.
부담 갖지 마.
아- 응….

주말에 시간 내서
내려오는 거 정말 힘든 일이야.
혹시라도 못 온다고
미안한 마음 갖지 말고.
알았어.
어색
어색

움찔
움찔
흡!
잠깐만 나갔다 올게!
뚝

어휴-!! 어색해 미치겠다-!
뭐라고 말을 꺼내야 하지?!
삼십 몇 년 친구를 했는데 사과하기가 왜 이리 어려운 거야?!
아아- 영순이 들어온다-! 조용히 해 조용!
소곤소곤

탁
탁
얘들아!

이-이-어
어-으-
뻑
뻑

어-엉덩이 미안!!!

…

툭
아니 그러니까 내 말은 엉덩이가 미안한 게 아니고 엉덩이한테 미안한 게 아니라 저번에 화낸 게 미안해서 너희들 힘들지 말라고 엉덩이 방석을 사왔다는 얘기를 하고 싶었는데-!!!
크학학
아니-아니 영순아- 우리가 더 미안해- 근데 방금 그거 너무 웃기다!!!
푸읍
웃지마 ~
푸학 엉덩이-!
엉덩이가 뭐?!

임야 개간과 지목 변경

기본 과정은
① 산지전용 허가서류를 가지고 개간 허가를 받기
② 지목변경 신청하기

이상으로 정리할 수 있지만,
-땅의 용도(예: 농림,관리 지역 등등)
-한 필지(주인과 용도가 같은 연속된 토지) 중 일부만 개간하는 경우
-이미 임야 내 숲을 벌채한 경우

등등 여러 상황을 복합적으로 고려해야 할 수도 있으므로
꼭 시/군/구청에서 상담을 받으시길 바랍니다.

33화 장 가르기

다음 날
꽉
흐얍!
뿍
으아 정말- 잡초 한번 끈질기게 많네-!
으아아
허리 아파-
힘내 영순아~! 가끔 일어서서 스트레칭도 하고-.
그래도 아직 마늘하고 감자밭뿐이니까 이 정도는 약과라고 해야 하나?
관리할 작물들이 많아지면 잡초 관리를 어떻게 할지 고민 좀 해봐야겠다.

휴우–
그땐 정말
꽈악

허리 다리
다 끊어지것네–!
뿌ㄱ

참! 그래도
다행스러운 건!
다행?

허리 다리야 좀
아플지도 모르지만–
ㅋㅋㅋㅋ

네 덕에
엉덩이한테 미안할
일은 없을 것 같아!

카아악
김막금!
네가 정녕 실성을
한 모양이로구나!!!
다다다닷
깍!
꺄하
거기 서라!!!
하하항
너네 그러다 마늘 밟으면 정말
가만두지 않을 거야!!!
꺄-
휙 휙

뛰지 마!
흙먼지 난다!

따르릉
따르릉

형님 전화네-
아직 약속 시간 안 됐는데 무슨 일이시지?
문경형님
따르릉
따르릉

15.02.20
15.02.20
날씨가 영 꿀꿀해서 얼른 끝내자고 불렀어.

어디 보자-
드르륵

별 문제 없는 것 같네.
오늘 갈라도 되겠어.

된장에 뭐
넣고 싶은 거
있어?

네? 뭘요?

호박가루나
표고버섯가루
같은 거 말이야.

아- 그럼 지금 보리를
넣어야 보리된장이
되는 거군요?

반응을 보니
전혀 준비가
안 된 모양인데?

그런 식으로도
원하는 맛을
낼 수 있으니
참고하라구.

메주 꺼내줄 테니
둘러 앉아서 으깨봐.

네!

열심?

부들

부들

우아 이거
은근 단단한데?

쿠르릉
쿠르릉

맛 좀 봐봐.
싱거운지 짠지.

짭

괜찮은데요?
적당한 것 같아요.

메주가루는
안 넣어도 되겠군.
계속하게- 난 간장을
살펴볼 테니.

된장을 다시 독에
담을 땐 꽉 차게 해
서는 안 돼.
꾹 꾹
부풀어 올라도
넘치지 않을 만큼만
눌러 담아야지.

그리고 유리 뚜껑을
덮어서 햇빛 잘 드는
곳에 두면 된다네.

농담이야. 상관없네. 그저 오래 둘수록 맛이 깊어진다는 거지.

간장은 나중에 표면에 뭐 피어나는 듯싶으면 싱거워서 그런 거니까 반 정도 덜어서 달여 넣게.

그날 밤

비 억수로 온다-
쏴아아
영순이 일찍 출발하길 잘했네.

가만 보면 우리 마을은 바람이 세게 부는 편인 것 같아.
그렇긴 한데 오늘은 비가 와서 그런가 더 심하네.

수박

수박 먹고 싶다.
에?

올해는 마을에서 수박 농사 하시는 분들한테서 사다 먹을까 봐.
끄덕
텃밭에다 직접 키워도 괜찮지 않아?

참외는 어때? 참외도 먹고 싶다.
야~ 근데 너 저번엔 수입이 될 만한 걸 심자고 하지 않았어?
엉금
텃밭이라며~? 흐흐.

엄마 엄마-
꺼억~

부탁하고 싶은 게 있는데 말이지-

…눈빛을 보아 하니-

뭔가 미안할 걸 말하고 싶은 모양인데-
으아으- 아퍼-
헤헤

저-절대 금전적으로 미안한 걸 부탁하려는 건 아니야-

금전적으로?
그러니까- 우리한테 땅을 조금 빌려주면 해주랑 나랑 용돈으로 수박을-

깡

뭐야?! 무슨 소리지?

뭐가 깨진 것 같은데?!

덜컹
저게 뭐야?!
뭐야?! 뭔데?!
비가 너무 거세서 잘 안 보여!
덜컹
슬레이트 지붕 같지 않아?
덜컹
스륵
어디서 날아온 거지?
쏴아
!

우리 간장이-!!!
쿨
쿨

다음 날 아침

다친 사람이 없어서
정말 다행이구먼!

그러게요.
밤중이라 다행히.

이웃집이랑 얘기했어.
정말 미안하다고 꼭
보상하겠다고 하시네.

저 지붕이 좀
헐거웠던 걸 모르시
고 계셨다는군.

그냥 깨진
항아리 하나
사달라고 했어.

미안이고 뭐고 올해
먹을 간장은 다
날아갔네-

된장은 무사해서
다행이야…. 산에 가서
꺾인 나무 없는지도
확인해봐야겠다.

34화 수박을 키우고 싶어요

다른 선택지 없이 꾸준히 된장찌개만 먹게 되지 않을까 하는 생각이….
이런 된장
예감? 아니. 이미 예견된 일이지.

누나 기억나?
작년 가을에 밤과 도토리를 주워간 이후-
우리가 얼마나 많은 밤밥과 도토리묵을 먹었는지-!
부들
부들

콩콩
덧붙여 이번엔- 감자와 고구마!
썩

그리고 토마토만을 간식으로 먹게 될 것이니라!!!
아아아
보자 보자 하니까 이 녀석들이-
누가 그것만 먹는다는 거야-
가지로 가지볶음!
울금으로 울금밥!
더덕으로 더덕무침, 더덕장아찌, 더덕구이!
더덕양념구이, 더덕튀김, 더덕밥, 더덕말이, 더덕김치-

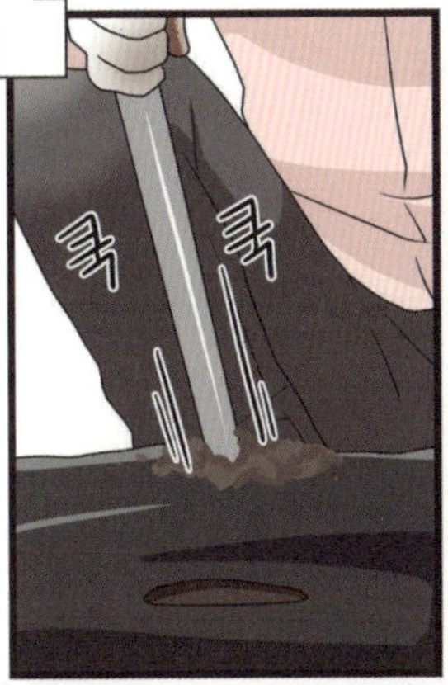

쿡
쿡
뒤뚱
뒤뚱
나- 왔어-

뽀글 뽀글
응? 더 큰 건 없었어?
꼬
로
록
꼬
로
록
당연히 있었지.

주전자가
편하려나?
??
쌔앵
휘이이잉
뿌우우
나 좀
빠릿빠릿해져야 할까?
키득 키득
쫄
쫄
쫄
쑥

오빠는 요 근래에
많이 바빴나 봐?
시험기간이었잖어.
쟤 요새 공부
엄청 열심히 해.
탁
탁
오빠가?!!
집에 수입이 없으니까 꼭
장학금을 받아야 하거든.
사실 이번 학기엔
학자금 대출도 받았어.
난 부모님 일하실 때
일찍 졸업해서 그럴
필요까진 없었지만….
그래서 미안한
마음도 들고 그래.

아 그럼 언니가 수박 키우는 비용을 굳이 우리 능력껏 해결하자는 건-
그래 맞아.
이 상황에 백수라는 죄책감과 자괴감 때문에-

짜
안
이번에 담은 된장으로 끓여봤어!
다들 맛있게 먹어!
맛 좋은데? 이걸 더 묵힐수록 맛있어진다는 거지?
새삼 깨진 간장이 아까워지는 맛이네-
역 시

달그락

언니 오늘은
얘기해야 돼.
5월 중순에
심는다고 했잖아.

응. 그래야지.

엄마 날씨도 선선한데.
소화도 시킬 겸

산책이나
갔다 올까?

그러지 뭐. 상은
다 치웠니?

응.

행주 놓고 가.
설거지 끝나면
나가자.

덜그럭

총총총
엄마-
짝
나랑 해주랑 부탁하고
싶은 게 있는데-
그래. 저번에
너희들 무슨
수박 이야기를
하려다 말지
않았니?
맞아.
그거야.
수박을 키워보고 싶은데
혹시 남는 땅이 있으면
빌려주면 안 될까 해서-
귀농을 하면서
조금씩 농업 관련으로
진로를 정하고 싶어졌어.
그런데 아직 아무것도
모르니까, 기본부터
경험해보려고….
수박을
키워?
진지하게
책임지고
하나
키우고 싶어.

아 엄마 나는 그냥 취미로 동참.
땅만 빌려주면 나머지 비용은
우리가 감당해보려고.
공부도 많이 했어.
흠… 글쎄.
앞으로 심을 것들 생각하면
남는 땅이 있던가‥?
곰곰
후우
…
근데 너 요즘
어디 이력서라도
내고 있니?
엄마가 예전에 그랬잖아.
같이 귀농하더라도 넌 농업에
매진할 필요 없다고.
아니야 엄마 내 말은-
일단 경험이 필요하다는-
농사일은 힘들어….
넌 은퇴하고
귀농하는 나랑 상황이 달라-
더 편하고 돈 많이 버는 일
찾아 할 수 있잖아!

….
그치만 내가 지금 하고 싶은 일이 이 일인걸.
도시에서 취업에 실패하며 계속 무기력한 내 자신을 마주하던 때와는 다르게
지금은 여기서 생활하며 내 손으로 할 수 있는 일이 많다는 걸 느끼고 있어.
엄마도 하고 싶은 일이 있었지만 돈 벌려고 회사에 취직했잖아.
매일 전화로 고객들 불만 받아주면서 얻은 건 결국 스트레스랑 병이었고!
난 그럴 수밖에 없는 환경이었지! 넌 대학도 나왔는데- 더 좋은 회사 가서 돈 더 잘 벌면 나처럼 안 살 수 있잖아!
울
컥
흠
치
ㅅ
아니다… 다시- 나중에 다시 이야기하자. 알았지?

<육묘법의 몇 가지 특징>

1. 실제 밭에서 관리하는 기간이 짧다. 밭이 비는 기간에 다른 작물들도 키울 수 있다.
2. 비교적 관리가 쉽고 수확량이 많다.
3. 이미 자란 후 이식된 모종은 잡초들과의 경쟁에서 유리하다.
4. 하지만 모종을 따라 병충해가 옮아올 수도 있다. (텃밭의 경우 주의)

<직파법의 몇 가지 특징>

1. 모종에 비해 확연히 싼 씨앗 값.
2. 발아율이 낮다. 싹이 안 날 수도, 동물들이 먹잇감으로 삼을 수도 있다.
3. 제초 작업이 힘들다.
4. 옮겨 심지 않았으므로 뿌리를 튼튼히 내리며 살아남은 식물의 생명력이 강하다.

사악
빠득
두 번째!
세지 마. 기운 빠지니까.
학교까지 앞으로 여섯 번만 더 건너면 된다!
세지 말라니까?
내려와 이제. 내 신발 주고.
응.
텅

*미루꾸: '밀크(우유)'의 일본식 발음.
1960~70년 대에 밀크캐러멜을 이렇게 불렀다.

강원도 어느 산골.
힘들게 일해도 가난하기만 했던
화전민 부부.
농사가 힘들다는 생각은 아마
거기서부터 각인되었는지 모른다.
그 부부의 막둥이 딸이었던
나는 형제자매들이 일찍부터
돈을 벌고 있었기 때문에
그나마 조금은
꿈에 부풀어도 좋은
처지이기도 했다.
상장
백일장 장원
1학년 김막금
위 학생은 교내
백일장에서 뛰어난
성적을 거두어 이에
상장을 수여함
○○여자중학교
이후 화전민
정리 정책으로
우리는 갑작스럽게
터전을 잃고 대도시로
이주하게 되었지만
안녕?
아-안녕-?
그것 또한 내겐
자연스럽게 중학교에
진학하는 운으로
작용하는 듯해서-
가진 것은 없어도
여러모로 꿈을 꾸기에
나쁜 환경이 아니라고
생각했다.

그것 때문에
누군가의 희생을
바랄 수는 없다고
생각했다.

엄마-
멍-
엄마! 이건 어때?
세트로 파는 건데-
정말 정갈한 잔이네-
그치만 난 조금 더 색이
들어가는 거면 좋겠어.
얼마야?
어디 보자-
가격이-

Set 50만
두둥
흐억!

핵

귀농 다 하고
집도 짓고, 돈 좀 벌면
그때 사는 것도 나쁘지
않을 거야.
비싼가 보네.
가치는 충분할지 몰라도
우리가 빈털터리지.

세트가 비싸면 단품도 괜찮아.

우리 가족 각자 하나씩
마음에 드는 걸 고르면
더 재밌을지도 모르지.

있지.
내가 꽃차 만드는 걸
배우려던 이유 기억하니?

심심-
아니야.
미안….
꿈꾸기 좋아하던
소녀 시절에 내 바람 중 하나가
그거였댔잖아.
집 주변을 온통 색색깔의
꽃밭으로 만드는 거.
여태까진 그럴 환경이 못 됐지만.
귀농을 하니 가능하겠다
싶은 생각이 들었단다.
엄마….
혹시 내 진로를
다시 의논하고
싶은 거라면-
엄마가 농사를
힘든 일이라고
생각하는 건 알겠어.
하지만 난 아직
뭘 하겠다고
결정 내린 게 아니라-

사실 세상이 변했고 또 변해가고 있다는 걸 나도 느끼지 못한 건 아니다.

그렇게 평생 전업주부로
살 줄만 알았는데,
경제불황 때문에 갑자기
직장을 구하게 될 거라곤
생각 못 했다.
결혼하면서 그 당시 분위기에 따라
별 선택지 없이 퇴사. 그러고는 육아에 전념.
하지만 그 몇 년 새에 세상은 너무나 달라져,
전문분야가 없는 내가 할 수 있는 일은
계약직이 아니면 비정규직.
네? 정수기에서
뭐가 나왔다고요??
고객님 기분 상하신 건
이해하지만 욕설은…
근래에 일을 그만둘 때까지
쭉 비슷한 일터를 전전하며
살 수밖에 없었다.
사실 나도 일하면서
상처받고 힘들 때마다
그런 생각
많이 했어.
하고 싶다고 조금 더
고집이라도 부려볼걸….
할 수 있는 방법이라도
찾아볼걸….

넌 네가 하고 싶은 일을 찾아가려는 것뿐인데
엄마가 이루지 못한 과거에 갇혀 있었어.
꼬옥
나보다 더 좋은 환경을 가진 네가 모든 걸 버리고
정말 부끄럽고 미안하구나….
가난했던 내 어린 시절로 돌아오려는 것 같아서… 질투가-화가 났어….
엄마아-
돈 못 벌어서 미안해- 백수라서 미안해-
와
락
근데 이렇게 고집부려서 더 미안해-!
미안해 하지마. 그러지마. 그런 고집 백 번도 더 부려도 돼.
나 어릴 때랑 또 달라진 게 있다면
그건 엄마가 너의 꿈을 응원할 수 있게 되었다는 거니까…!

엄마.
이대로 상고에 입학하면-
나 평생 대학 못 갈지도 몰라-
알잖아. 배우는 것도 다르고
돈 번 다음에 간다구 해두-
야간이나-
계집애가… 욕심이 많아…
우리 형편에 무슨 공부를
더 하려고.
다른 사람들을 위해서
네 것을 포기해야 할 때도
있는 거야….
아마 엄마도 지금의 나처럼
내 꿈을 응원하고 싶었겠지…?

36화 첫 습격

별내
푸핫핫
웃지마~
난 나름
진지했다구.
그래서 차 사발
구경하러 가서는
따님을 붙잡고
화해의 눈물을
흘리셨다구요?
킥킥
예-옛날 일을 돌이켜보니까
감성이 충만해지잖아….
하긴 넌 감정기복이 심해서
화 버럭 냈다가 금방
수그러들고 말이야.
외정부
꾹꾹
그런 사람이
전화 상담원을 어떻게
십 수 년 동안 버텼는지
신기하다 신기해.
그러게
말이다.

* '미싱'과 '시다'는 어원을 일어에 두고 있으며, 각각 '재봉틀'/'수습' 또는 '조수'로 순화하는 것이 바람직합니다.

그래도 재봉틀이
많이 좋아져서
그럭저럭 언니 흉내는
내고 있지만~

여튼 이번 주는
일이 별로 없대서
문경 와서 오이
심고 있지.

지은 아빠?
같이 왔지.
뒤에 있어.
요즘에?
선배한테 난 가꾸는 거
배우러 다닌다나?

그러면서 가끔
지인들 사업
돕기도 하고.
근데 정기적으로
일 나가는 데는
없어.
스윽

그럼 우리 회사 나와서
일 좀 도와주면 안 될까?
큰 회사도 아닌데
요 근래 일거리가 늘어서
신랑이 힘들어 해.
나도 분류
작업만으로
벅차서.
별내

나머지 밭 쭉 돌아보고
내려가자.
오 그래?

당신 국진 씨네 택배 회사에서
아르바이트 할래?
알바?

좋지.
그렇게
전할게.

어 하겠대.
응응. 알았어.
주말에 보자~

국진 씨가 오늘 일 끝나고
당신한테 전화한대.
오케이.

나무는 괜찮은지 한 번
안 둘러봐도 되나?
아침에 확인했어.
마늘이랑 그 외 것들만
보고 가자. 배고파.

마늘은 괜찮고.

조만간 마늘쫑 잘라 먹어도 되겠다 그치?

고추는 약을 한 번 쳐야겠는 걸.

아 그건 친구들이랑 의논해봐야 돼. 농약을 쓸지 말지 아직 결정을 못했거든.

그래? 농약을 안 쳐도 잘 크려나….

참 여보. 애들이 수박 키우고 싶댔잖아. 땅을 내줘야 하는데-

오 결국 키우게 되는 건가?

작물 선정이 우리 딸다워.

뭐 어찌됐든 승낙했으니까. 비탈이나 응달은 좀 그렇고.

집터랑 진입로 예정지 빼고-

밑에 있잖아 노는 땅.

노는 땅? 어디?

말뚝 근처에 가장자리 땅.
넓고, 땅도 다 갈려 있고.

아 거기…. 하지만 거긴
그 사람들이랑 문제 생길까 봐
당분간 일부러 비워두기로
한 건데….

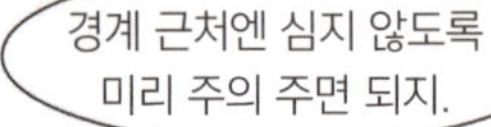

경계 근처엔 심지 않도록
미리 주의 주면 되지.
그런가….

하긴 그 넓은 땅에
수박 몇 줄기 심는 건데….
괜찮겠지?
두리번

어유 이거!
내 고구마…!
고라닌가?
잎이고 줄기고
다 따먹었네!
앙상…
앙상
응? 왜 그래?
어머 어떡해?
계속 올 텐데?!

덜컹
며칠 후
수박! 수박!
으이구-
콩콩

콩 콩
순수한 건지
철이 없는 건지.

너무 명랑해서
백수인 게 미안하다는 말이
의심될 정도로군.
키키키

아그들!
그만 올라가!
여기야!

너넨 여기다가 심으면 돼.
저 말뚝까지는 다 우리 땅이니까.
우와
엄청 넓다-!

수박 많이
심을 수 있겠다!!!
대신 조심해야 할
사항이 있어.
뭔데 뭔데?
수박 덩쿨이 말뚝
경계 가까이 가지
않도록 잘 관리할 것!
저 아래 땅 주인이
누군지 잘 알지?
?!
오얏
괜히 부딪혀서
스트레스 받지 말자꾸나.
우린 올라간다
열심히 해~.
풀부터 뽑아야겠다~.

부탄
짤랑

이게 딸랑거린다고
고라니가 놀라
도망갈까?

그럼요!
당연하죠!!!
하
하
하
하
내 아이디어니까!!!
하
하
핫
핫
아니. 그런
문제가 아니지.

게다가
이렇게 높은 울타리를 치는데
감히 넘어올 수나 있겠어요?
흠...

둘레에 들깨를
심는 건 어떨까?
고라니가 들깨를
싫어한다던데.

좋아! 할 수 있어!
조심하면 되지 조심!
빌떡
언니….
다리가 떨리고 있어…!
흐와….
푹?
후들
후들
척
아유 그래 뭐.
일단 심고 보자.
뭔 일이야 있겠어?
….
바-바깥쪽은
좀 비워둘까?
콜….

<야생동물에 대처하는 다양한 방법 예시>

1. 시각적 방법: 반짝이는 물체나 사람 형상의 허수아비를 배치
2. 청각적 방법: 일정 시간마다 총소리 등 큰 소리를 재생하는 기계를 사용
3. 후각적 방법: 동물들이 싫어하는 냄새를 이용. 기피제, 들깨, 비누액 등등
4. 차단하는 방법: 울타리, 전기 울타리, 목책 등
5. 기타 : 밭에 경비견 배치, 올가미, 유해동물 퇴치단…

* 많은 성공/실패 경험담이 인터넷상에 공유되고 있으나,
  완전하고 효과가 지속되는 방법은 없는 듯합니다.
  성공 사례가 많이 보이는 크레솔 비누액 냄새 이용법도
  냄새가 옅어지는 곳에선 어김없이 피해가 발생하기 때문입니다.

  농민들이 생존수단을 지키려는 마음만큼
  동물들의 살아남으려는 의지 역시 절박하기 때문이 아닐지….

딸랑

살짝

쏙
너도 꽃이 피면 참 예쁠 텐데-!
끼이
끼이

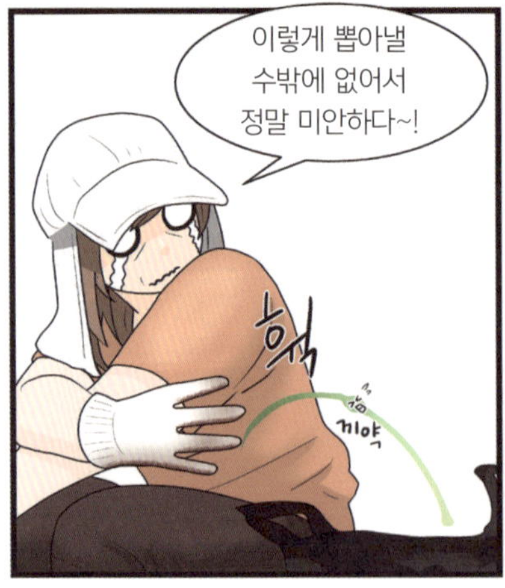
이렇게 뽑아낼 수밖에 없어서 정말 미안하다~!
끼약

일단 알맹이가 잘 크는 게 중요하니까~! 대신 우리가 맛있게 먹어줄게!

그건 마늘쫑한테
너무 잔인한 말 같아.

먹을 거지?
응.

여사님들- 기념할 만한
첫 수확의 현장을
사진으로 남겨드릴까요?
좋지용.

찍습니다?
위스키-와이키키-
개구리 뒷다리-
개구리 뒷다리-

찰
칵

파바밧
샤샤샷
으아아아-
기운 빠져-
손 아퍼-!
찌릿
찌릿
사라져라! 물럿거라!
이 잡초들!
촤악
이제 시작인데
이런 저질체력….
윽…. 넌 지친
기색 하나 없다니
대단하구만….
그래서
뭐부터 하면 돼?

어디 보자.
일단 풀 뽑은 부분을 넓은 이랑 두 줄로 만들어보자.
수박은 공간이 많이 필요하니까 넉넉히 간격을 두고.

그럼 갈퀴랑 삽 정도 빌리면 되나?
비료도 두 세 포대 가져오자.

삽이랑 갈퀴, 양동이랑 물뿌리개. 그리고 인산이랑 가리가 들어간 비료도 혹시 있이?

그 두 개가 같이 들어 있는 복합비료란 게 있지.
그럼 그거 우선 두 포대만 줘.

여기 있다.
무거우니까 같이 들어다줄게
자아 그럼-
손님~! 비료 두 포대 값과 삽 이외 기타 등등 도구 이용료 계산 부탁드립니다앙~!
성글벙글
도구 이용료를 받는다고?!
그럼요. 내 거니까요. 특별히 한 시간에 천 원만 받겠습니다.
비-비싸! 삽 같은 건 많이 가지고 있잖아!
으허허-
까하하
사회는 냉정하죠! 손으로 땅 파시든가~!!!
지-지금은 현금이 없어-.
장부에 적어 놓을 테니 오늘 내로 입금하세요!
도망치기 없습니다?
네에….
또 찾아주세요~!!!
펄럭
지끈
응원이 아니라 복수를 당하는 것 같은데!!!

* 이 컷은 힘듦을 단 0.000001%도 반영하지 않았습니다.

멀칭만 마무리하고 우리도 얼른 따라가자.

다들 잘 자라주면 좋겠다!

근데 신기하지 않아?
응? 뭐가?

뭘 계속 심잖아.
봄이 된 이후론
끊임없이 심기만
하는 것 같아.

농사라면
말이지.

봄에 모조리 심어서
쭈-욱 키운 다음에
쭈-욱

가을되면 한꺼번에
수확하는 느낌이었는데.
적어도 요전까진
그랬거든.

근데 막상 해보니까
일년 365일 심는 날인 것
같은 기분이야.
ㅋㅋㅋ

하아ー
하 근데 종류가
너무 다양하니까.
헷갈려서….

누가 정리라도 해주면 좋겠다.
언제 뭘 심고 수확하는지~
곰곰
오 그거
좋은데?

탁탁
틱탁
뭐해?
메모. 백수에겐
모든 게 다 금맥처럼
보인단다.

하긴, 그런 거 이미 있긴 하겠지만
또 차별화를 잘 시키면ー
근데 언니 많이 더워?
어?

응. 여름이 가까워져서
그런가 덥네.
근데 내가 더위를 많이
타는 편이기는 해.
뻘뻘

그래 보인다.
겨드랑이에 홍수 났어.
악?!
기꺅
으아아아
다다다다
끼야아아아-!!!
파닥
파닥
ㅋㅋㅋ
?
으아아아아!!!
두두두
두두두두두두
함께하자!!!
아빠도?!
파닥

재석 씨.
우리 작업 시간을 바꿀까?
무더위 시작되면 대낮에 못하겠는데.
좋은 생각이야.

아휴, 등목이나 합시다.
벌써부터 이러니 어쩌나.

아빠 좋겠다. 등목도 하고.

참… 여긴 변소밖에 없지.

….

까짓 거. 우리 딸이 덥다는데
하나 만들어줄게!
샤워실을?!

<상토/비료/멀칭>

1. 상토: 모종을 기를 때 쓰기 위해 인위적으로 만든 영양분이 많은 토양
　　　유사어) 배양토: 원예 재배 목적이라는 점이 다름

2. 비료: 종류가 매우 다양하며 모자란 영양을 보충해 식물의 생장을 돕는다.
대개 유기질 비료와 무기질 비료(유사어:화학비료)로 구분한다.
–유기질 비료: 흔히 말하는 '퇴비'가 여기에 속함
　　　　　유기체(생물 성분: 분뇨, 미생물 등)를 부숙(발효)해 만든다.
　　　　　여러 성분이 혼합되어 있어 식물의 생장에 천천히 영향을 준다.
　　　　　질소, 인, 칼륨은 필요에 비해 비교적 함유량이 적은 감이 있음.
–무기질 비료: 질소, 인, 가리(칼륨)를 중심으로 구성하며, 두 가지 이상이 섞이면 복합
　　　　　비료이다.
　　　　　효과가 빠르게 나타나지만 성분이 유기질 비료에 비해 다양하지 않다.
　　　　　무기질 비료=화학비료가 아닌 이유는 화학비료 중 요소/석회 비료가
　　　　　유기질 비료로 분류되기 때문이다.
–거름: 비료와 같은 의미의 단어
　　　밑거름은 심기 전에, 웃거름은 식물을 심은 뒤에 뿌리는 것을 말한다.

3. 멀칭: 식물이 자라고 있는 땅 주변을 짚이나 비닐 등으로 덮는 것.
　　　잡초 방지, 비로 인한 토양 유실 방지, 땅의 온도 유지 등의 효과가 있다.

이건 물통인데?
아저씨들은 거짓말쟁이야. 샤워실 만든다고 그랬잖아요!

이걸로 만들 거야.
텅
우린 맥가이버니까!!!
하하하

…
맥가이버가 뭐지?
아 알았다! 먹는 거죠?!
쩍
에잉? 맥가이버도 모른단 말이냐?

114

어쨌든 그라인더로 먼저 틀을 만들 거니까 두고 봐라.

위험하니까 멀리 떨어져! 다 저리루 가!
쉭쉭
형

재석 씨 밑둥이랑 문만 뚫어요! 나머지는 내가 할 거니까!
핫핫핫.

재석 씨 국진 씨 화이팅!
야 재석아 진짜 안 도와줘도 되냐?
아니야 절대 나오지 마! 사람 너무 많으면 힘들어!
그라인더 오래 쓰고싶음

탁
깡깡
동생

지-진짜 샤워실
맞긴 하겠지…?
우와!
꺄르르
기이잉
벅벅

언니도 마늘쫑 먹어봐요!
얼른얼른~!
잘 먹겠습니다!
벅벅

오물
오물
톡톡
톡톡

정말 맛있네요!

이 맛은 그야말로 미미!!!
미미가 뭐냐?
애들 어렸을 때
만화도 같이 안 봤니?
위험하니까 너도
그냥 거기 있어.
끼잉

모인 김에 더 얘기할 게 있는데, 우리 농약 사용하는 문제 어떻게 결정하는 게 좋을까?

이제 잡초 관리도 해야 할 듯하고 만약 우리가 고추 같은 작물을 키운다면
비 오기 전후에 방제를 철저히 해야 탄저병을 피해갈 수 있다고 하니까.

지기 기기 기긱
아 이제 6월이 다 되어가니까 곧 장마철이겠네.
작년에도 비가 많이 왔던가? 이상하게 내년 잘 기억이 안 나.
아직 문경에서 여름을 나보지 않아서 이 지역에 비가 많이 내리는지는 잘 모르겠어.

어떤 방법이 됐든 병해충이 많은 여름을 대비해야 해.
아직까진 화학비료도 쓰지 않았으니 참고하고.
비료는 왜 안 쓰고 있었어? 그건 농약이 아니잖아.
쫑긋

화학비료의 경우엔 넓게는 농약으로 보기도 해서
유기농이냐 무농약이냐를 가르는 데 중요한 조건이 돼.
끼잉
아 그런 건가?

풍
풍
그럼 우린 뭣도 모르고 농약을 쓴 거잖아…?! 유-유기농은 물 건너 간 거야?!
쿠궁

농약을 써야 한다면 대신 천연 농약을 만드는 게 어때?
우리 손녀 먹을 거라고 생각하면, 아무래도 유기농인 편이 수고스러워도 나을 것 같아서.

잠깐…. 이거 양도 너무 많이 뿌린 거 아니야???
젠장! 아직 어떤지 못 올라가 봤는데!!!
천연농약이 효과가 좋은가? 만드는 게 어렵지 않아?
만드는 데 시간이 걸린다고 하긴 하더라.
끼이잉

TV에서 보기론 동물에게 도움을 받는 방법도 있던데요.
쫑긋

벼농사에만 그런 방법을 쓴다고 생각했는데 최근엔 그렇지 않은 사례도 봤어요.
동물?!!
크아아
벌떡

바로 그겁니다!!! 토끼랑 보아염소를 키웁시다!
탁

그냥 네가 키우고 싶은 것뿐이잖아.
아아!!?? 귀엽지 않나요?
느르륵
쾅 닫아버려.

흑… 그럼 오리랑 거위는요-
아악 잠깐만!!! 제가 똥도 다 치울게요!
끼이
끼이

지은아.
어?

그럴싸한데? 대단해!
이제 시멘트로
바닥을 만들 거야.

오? 우와~

시멘트를 잘 섞어서

굳기 전에 발라야지.
배수구로 물이 모이게
약간 비탈지게 발라라.

나도 시켜줘요!
나도 할래요!!!
안 된다~ 이건
꽤 어렵다구.

안 시켜주면!!!
???
이야아아아!!
거기다 발자국 낼 거야!!!
그러지 마!!!
야!!!
쌩
아저씨가 집에 데려다주마.
놔요! 내려줘요!!! 안 갈 거야!!!
펄펄
번쩍
쯧쯧. 주언아. 이러면 무지무지 곤란한데….
놔요! 내려줘요!!! 안 갈 거야!!!
그래, 고집부리지 마. 아빠한테 이른다?
혀엉-!! 내가 잘못했어어-
이 녀석~ 아빠는 무서운가 보네~?

포인트로 바닥에
타일 하나 깔아둘까?
하하
오 좋지~

이런 걸 생각하다니
아빠 꽤 감각적인데-
씻을 때 여기
발 올리라고 가져왔지.

이모부가 가져온
온수통도 설치해두자.
뜨거운 물도 나와?

차가운 물로만
샤워하라고
할 수 없잖아.
그럼
주방에서 물을
끌어오나?

그거보다 간단해.
물을 데우는 기계를 온수통에
넣어두면 되거든.

자 그럼 오늘은 여기까지 할까?

벌써 끝냈어요?
나 기다렸다가 같이하지.
고생했어요.
뭘 별로 할 일도 없었는데.
탁

그럼 다음 주에 전등 달고.
샤워기 연결하고
그러면 끝나나?
그럴 것 같은데.
필요한 거 사다놓으면.

다음주…?
그럼 오늘은
샤워 못 해?
쿠구궁

어. 시멘트가 말라야지.
오늘 할 수 있다곤 안 했는데.

우왁?!
헤롱
헤롱

짠
번외: 샤워실 뒷 이야기

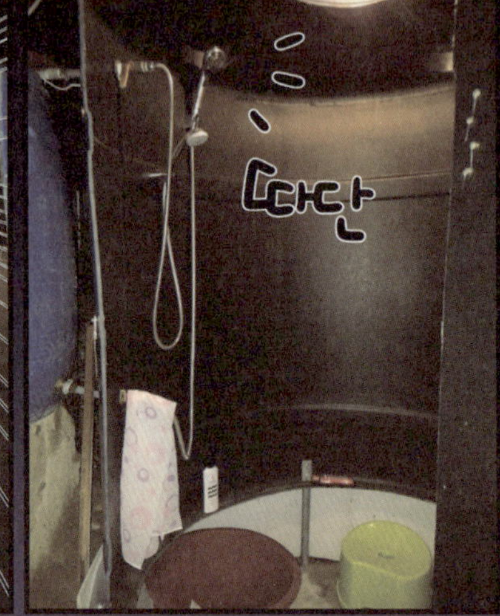

따단

따라단!

쏴아아
잉…. 뜨거운 물이
왜 이렇게 안 나오지?

아빠!
뜨거운 물이 안 나와!
뭐 연결 안 된 거 아니야?

그거 히터 켜고
30분 기다려야 나오는데?
그런 건 들어가기 전에
말해줘!!!

<유기농과 무농약/농약의 여러 가지 대안>

1. 유기농과 무농약
   ->화학비료를 사용했는지가 판가름의 기준
   -유기농
   :적어도 3년 이상 농약과 화학비료를 사용하지 않은 땅에서 자란 농산물
   (즉, 퇴비나 천연농약은 사용할 수 있음)
   -무농약
   :농약은 쓰지 않았으나 화학비료를 권장량 이내로 조금만 사용해 키운 농산물

2. 농약을 쓰지 않는 대안 농법의 예시
   -동물 농법(우렁이, 오리, 거위 등등)
   -천적 관계를 이용한 곤충 농법
   -미생물 살포 농법
   -천연 농법(시비, 제초 등을 일체 하지 않고 자연 상태로 성장시키는 것) 등등

39화 농부의 마음

가만… 더위에 지쳐 쓰러질 때가 아닌 거 같은…!
어지럽니? 괜찮아?
별떡
알쏭
달쏭
아빠… 엄청 중요한 걸 잊어버린 것 같아….
왜? 뭔데?
동생들 계신가-? 우리 손자들이 소란을 피웠담서?
형님 오셨네요~?
아까 집에 갔더니 안 계시더만요.
밭일 중이었거든. 더워서 잠시 쉬려고.
그나저나 자네들, 오늘 도착해서는 아직 밭에 가보지 않았지?

넷? 아 그러고 보니-
덥다고 아침부터 샤워실 만드는 데 정신이 팔려서-
홱

그럼 아무도!?

그래 그거였어!!! 동물 얘기에 눈이 홱 돌아서는!!! 모조리 잊어버렸잖아 이 모질아!!!
끄어어
아직도 농약 토론 중

밭에 올라가보지 않은 거야?!

놀러 온 것도 아니고 사람이 이렇게 많은데-
역시 다들 농부가 덜 됐군… 덜 됐어….

따라와.
상황이 좋지
못한 것 같으니.

설마… 수박이….
울렁
울렁

나 참…. 아침에 일어나면
그 짧은 밤 사이에도
밭에 무슨 일 생기지 않았나
걱정하는 게 농부의 마음이야.

저희가 미숙했네요….
근데 밭이-밭이 어떻게 됐나요?
고라니가 울타리라도
넘어온 겁니까?

차라리 고라니나
멧돼지 짓이었다면
탓이나 하지.

이건
그야말로 총체적 난국이야.
도대체 뭘 탓해야 할지도
잘 모르겠군.

으아아아

여길세.

으아아아
여-여기는….

가까이서 보기 전엔 수박일
거라고 생각도 못했지.

네. 딸애들이
돌보는 밭입니다.

해주도 이걸 알면
무척 실망할 텐데….

으잉? 어째 자네들보다
저 애가 더-

아- 그럼 혹시?

타
다
다
닷

그래…. 그렇다면
조금 이해가 가네.
아마 농사가 처음이겠지?

네. 첫 농사라면서
즐겁게 모종을 심던 게

불과 한 주 전이었죠.

그렇군.

저 애 이름이 뭐였지?

지은입니다.

가서 자네들 밭이나 돌보고 와.
난 저 애랑 얘기를 좀 해야겠네.
아-저- 이제
시작하는 애니까….
무슨 말인지
알았네.
물은 볕 뜨거울 때 주면
안 돼! 그건 알지?
아아 그럼요~!!
그런 건 알아요~!
아직 못
미더워서 말이지.
흑…

얘야- 지은아?

얘기 좀 하자꾸나.

흙바닥에 주저앉아 있지 말고 이리 오거라.

첫 농사라지?
신고식을 제대로 치렀구나.
네에….

그래. 보니까 짐작 가는 원인이라도 있니?
아 저 그게요….

화학비료를… 너무 많이 뿌린 것 같아요….

인산이랑 가리가 수박에 필요하대서-
농약 많이 친 거나 다름없는 거잖아요…

그랬구나….
하지만 얘야. 뭔가 하나 잘못 생각하는 것 같다.
예?

꼭 화학비료라서 죽은 게 아니야. 그저 너무 많이 뿌린 게 이유라면 이유겠지.
과유불급. 영양이 너무 많은 것도 식물에게 좋지 않아.
그건 퇴비를 쓰든 화학비료를 쓰든 마찬가지다.

뭐, 사실 원인은 그것뿐만이 아니겠지만 말이다.

농사가 어디 비료 하나로만 가능한 일이냐?
아-아뇨.
어떻게 수박을 심었는지 말해보렴.
자세한 상황을 모르니 말이다. 어떤 게 잘못됐는지 알려주마.
네….
훌쩍
일단 풀을 뽑은 다음에 이랑을 만들어서 비료를 그 위에 뿌렸고요.
음.
흙이랑 잘 섞어서 물을 준 다음 수박 모종을 간격을 넓게 해서 심었….
화들짝
그날 바로? 그것도 비료 위에?
네….
그-그래…. 다음은?
지끈 지끈
부직포로 멀칭을 하고 들깨 씨를 뿌리러 갔어요.
그리고 오늘까지 비는 오지 않았구나.

그래 알았다.
일단 내가 더 짚어줄 수 있는 건 두 가지 정도겠구나.
첫째, 비료는 모종 이식 일주일 전쯤에 미리 땅에 뿌려둘 것.
둘째, 비료가 직접 식물에 닿지 않게 좀 떨어트려 뿌릴 것.
탁탁
온실가스
비료가 땅과 만나면서 가스가 생기지. 그건 식물에겐 전혀 좋지 않아.
게다가 좋은 비료라도 식물의 뿌리와 직접 접촉하면 되려 영양분의 흡수를 방해한단다.
영양분
그렇군요. 감사합니다 아저씨.
좋아. 이제 밭에 응급처치를 해보자. 좀 늦었을지도 모르지만.
다 죽어버렸는데 응급처치를 해서 뭐하겠어요.

너 아직 저쪽에 뭐가 있는지 보질 못했구나?
녀석. 축 처져가지곤.
봐라 저기.
다섯 놈 정도. 그래도 살 가망이 보이는 녀석들이 있어서 일단 옮겨뒀지.
그렇지만 수박이 자라기엔 너무 응달이야.
의지가 좀 생겼니? 일어나서 부직포부터 싹 걷어라.
네!!!
꽈악

우리 밭은 아저씨의 도움을 받아 여러 가지 응급처치를 할 수 있었습니다.
하지만 그렇다 해도 모종들이 완전히 기력을 찾는다곤 장담할 수 없대요.

그래서 몇 개의 새 모종을 사다가 살아남은 것들과 함께 키우기로 하고
문경에서 수박을 돌볼 수 있는 시간도 더 늘리기로 했습니다.

고맙게도 아저씬, 상황이 나아질 때까지
하루에 한 번씩 밭을 봐주시기로 했어요.

1. 비료 사용 이전 '토양검사' 하기
  : 밭에 어떤 영양소가 부족한지 '토양검사'를 통해 확인하고 적절하게 시비하는 것이
    좋다. 유기실/화학비료의 주요 싱분 함량이 다르므로 무엇을 얼미나 쓸지도 잘 생각
    하자. 토양검사는 각 지자체 농업기술센터에 의뢰할 수 있다.

2. 시비는 파종/이식 전 미리미리
  : 비료와 흙/유기질과 화학비료 등이 만나면서 발생하는 온실가스는 식물에게 좋지
    않으므로 시비 후 일주일 정도 시간을 두고 식물을 심는다.

3. 비료는 식물 가까이가 이닌 주변에
  : 비료와 같은 영양분 덩어리가 식물 가까이에 있으면 삼투압 현상으로 식물이 되려
    영양분을 뺏긴다. (이 현상은 토양이 영양 과다일 때도 나타난다.)

4. 영양 과다/결핍으로 인한 '생리장해'
  : 시비가 과다했거나 부족한 영양분이 보충되지 못했을 경우 같은 장소에 비료가 계
    속 축적되었을 경우 고염류 장애, 마그네슘 결핍 등 다양한 생리장해가 나타난다.

5. 과다 시비는 환경에도 좋지 않은 영향
  : 특히 화학비료의 남용은 토양을 죽게 할 뿐 아니라, 비를 통해 강으로 유입. 수질오
    염에도 영향을 끼친다. 그리고 그것은 돌고 돌아 결국 인간에게로….

치익

뭐~? 지금 엄마 탓을 하는 거야~?

아-아니… 그냥… 비료 쓰는 방법을 알고 있었으면
가르쳐줬어도 괜찮잖아.

당연히 네가 알고 있는 줄 알았지~?

애초에 네가 책임지고
키울 거라고 말했잖아.

치익

그러니 내가
상관할 바 아니지.

참- 나 아르바이트
새로 구했어. 우리 가끔
가던 카페로.

왜? 너 그 알바 하루 종일
만화책 볼 수 있다고
좋아했잖아?

요즘은 만화를 보는 문화가
예전과 많이 달라졌으니까.

대여점 상황이
안 좋은가 봐.

치익

하긴 그렇지. 요즘은
인터넷으로 손쉽게 빌려보고

너도 몇 년 전부턴
한두 권씩 아예 사 모았잖아.

풋- 돈도 없으면서-

훗훗

억…. 이런 말 안 하려고
했지만- 내가 지금껏 모은
돈을 엄마가 몽땅 빌려
썼다는 걸 잊지 마.

근데 좀 아쉽다~! 너 어렸을 땐 주말마다
그 책방에서 만화책 빌려가지구
뒹굴면서 같이
읽곤 했는뎅~!
오오오옷
씨익
말 돌리지 마시지.
채무자 씨.

어쨌든, 월급이 비교적
많아질 것 같아서 이제
나도 생활비를 좀 낼까-
홱
자네! 도움이 필요하면
언제든 말하게!

츄뺏
그-그럼 이 천연농약
나도 조금 써도 돼?
오옹
그럼! 필요하면
더 만들어줄게!

이건 난황유라고 천연농약 중에서도 비교적 만들기 쉬운 편이거든!

고마워….
그치만 이젠 뭐든 다 조심조심 조금씩 쓸 거야.
그럼 난 해주랑 우리 밭에 내려갈게.
그래. 12시쯤까진 끝내. 점심 믹으러 갈 거니끼.

이거 우리도 써도 된대!
돈 굳었다!
엄마 마음 언제 바뀔지 모르니까 얼른 내려가자!
그랭!
쟤가 생활비를 얼마씩 준댔더라?!
가만….

꼬룩
꼬룩

오늘 점심 때 밭에서
우릴 위협하던 놈이죠!
하하하

자네들 큰일날 뻔한 거 아나?!
크기가 장난 아닌데!
이게 무슨
곤충채집인 줄
아는 거야?!
저희는 승리했죠!

말벌로 무슨 술을 담아….
술도 잘 못하시는 양반들이.
그야말로 자랑용이지 뭐.

지은아.

저 양반들한테
이것 좀 가져다 줘~

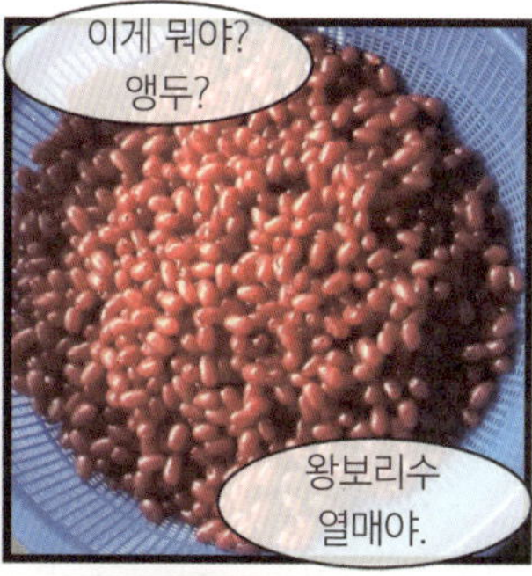

이게 뭐야?
앵두?
왕보리수
열매야.

왕보리수 열매?

우리 귀농 멘토이자
후원자이신 주원이 할머님께서
제공해주셨습니다!
취미로 두 그루
키우는 것뿐이지.

신기해요.
이런 열매는
처음 봐.

고맙다.
이걸로 뭐하게?
술 담을 거야.
왕보리수 주.
…본인에게
더 생산적인 일을
하시는 것이….
술? 자네들은
막걸리 한 잔에도
고꾸라지면서─
아니다 뭐.
알아서 잘 하시오.
아이─ 손님
접대용이죠.
난황유
만들었네?
천연농약 쓰기로
결정했어?

아 그거요?

아무래도 그 부분은
손녀 키우는 친구한테
두 손 두 발 다 들 수밖에
없었어요.

하긴 나도 손주들 보고
나서는 그 애들 얼굴이
아른거려서 말이지.
의식적으로 농약은
내려놓게 돼.
호뭇

게다가 농약 한번 치기 시작하면
벌레나 잡초도 내성이 생겨서
점점 센 게 필요하지.
내 건강도 나빠지고.

그럼 형님도
천연농약 쓰세요?
나? 뭐 여러 가지
만들어두고 쓰지.

우리 바깥양반이 저래 봬도
꽤 박식하다니까. 그 뭐냐—

요즘 말로 뭐라더라-
우리 꼬맹이들이 가끔-
닥…후?
덕후?

오 그래 그거. 꼬맹이들이
가끔 할애비를 농사덕후라고
부른단다.
싸아아

킥킥
킥킥
어디서 그런
이상한 말을
배워왔는지.

어쨌든 그런 말이 나올 만큼
꾸준히 대학에 다니면서
농업을 공부하고 있어.
해주야 그거
설탕에 살살
버무려봐.
응.

오 그렇구나.
우에-

이왕 다닐 거 장학금
좀 받으면서 다니면
좋으련만-
썩을-

그래서 뭐 일단 농약은 그렇게 합의를 봤고요.
상약
비료는 토양검사를 먼저 해보려고요.

음 그거 좋은 생각이네.
아무래도 그 생산량이라든가 수익성이라든가-

쏴-
그런 걸 포기하기는 또 힘들어서요.

그런 게 참 적정선을 맞추기가 힘들지? 솔직히 난 유기농으로 고액 수입 같은 건 바라지도 않아.
내 나이에 유기농은 손이 너무 많이 가서 힘들거든.

그래서 저희도 욕심 안 내려고요.
그래도 여러 가지 고민할 부분이 정말 많네요.
후우-

건강이나 토양에 해가 되지 않고 가계에는 쪼끔 보탬이 되는 농사를 하면 좋겠어요!
하하- 그게 모두가 바라는 바겠지.

아 유기질 비료는 11월인가? 그때 면사무소에서 정부지원을 신청할 수 있으니까 기억해두고.

그리고 자네들은 젊으니까 시간 내서 대안농법 같은 것도 배워 봐. 별 희한한 게 다 있어~.

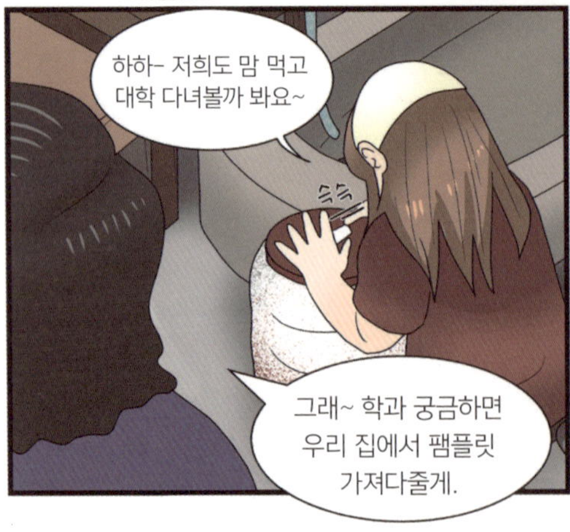

하하- 저희도 맘 먹고 대학 다녀볼까 봐요~
그래~ 학과 궁금하면 우리 집에서 팸플릿 가져다줄게.

2016.06 바채0○

<천연농약>
바이오농약, 생물농약으로도 불린다. 비교적 자주 만들고, 자주 살포해야 하는 번거로움
이 있지만 인체에 무해하고 환경오염 걱정이 없다.
본래 인류가 농사를 처음 시작했을 때는 천연농약을 사용했다. 화학농약이 개발된 것은
1900년대 초반으로, 그 역사는 불과 100여 년에 불과하다.
최근에는 앞서 말한 여러 가지 이유로 천연농약에 관심을 갖는 이들이 많아지고 있다.
천연농약은 난황유(주재료가 계란껍데기, 식용유 등), 목초액, 유황농약 등이 대표적이지
만 필요에 따라 갖가지 재료를 가지고 직접 만들어 쓰기노 한나.

천연농약은 인터넷 상에서 제조법을 쉽게 찾을 수 있고 농업기술센터나 도시농업관련 단
체에서도 강좌를 제공한다.

<유기질 비료 지원 사업>
농업경영체 대상으로 매년 유기질 비료 지원 신청을 받고 있다.
유기질 비료 3종/부숙 유기질 비료 2종 구입 시 보조금을 지원하는 방식으로 자부담이
발생한다.

41화 **수확하기**

꽈당
힉-!
괜찮아?
바닥에서 뭐가 튀어나왔어!
으아아악!! 두더쥐다!
쯧쯧. 경박하긴.
쯧 쯧 쯧
하앗!
으샤!
요놈은 좀 비실한 거 같은데….
이쪽은 많이 큰 거 같아.

다 됐니?
비닐 걷을게!
응!
펄럭
후— 오늘도
샤워를 안 할 수가
없겠구만.

살 살 살

아 여깄다.
턱

많이 나오네?

와- 이 녀석만
왜 이렇게 조그맣지?
때굴
때굴
귀여워-

이건 내가
가져야지♡
안 돼 내거야~
쿵
데굴

아빠 이거
어디다 담으-
응? 어디 갔지?

저기 있다.

더 깊이 파야 할 것 같아.
뿌리를 놓치면 안 돼.

엄청 큰
마인가 본데?
씩
씩

악!!! 뭐 하는 거얏!!!
혀
악
뿌드득

딴청 피으지 말그 일 좀 하르그!!!
빠각
꿀꺽
예… 바로 시작하겠어요….

당당당당

알 크기별로 상/중/하 이렇게 분류해줘.
알았어.

엄마 우리 이걸로 알리오올리오 엄청 해 먹을 수 있겠다.

덜겅 덜겅
알리오올리오? 글쎄…. 난 까수엘라가 더 좋은데.
네가 해주면 먹을게. 난 남이 해주는 게 제일 맛있더라.

어이구야.
좁아서 내 차를 끌고
들어갈 수가 없어.
응? 누가 오셨나?

서울양반들! 짚을 거 좀
갖다줘여~!
엇! 네!
잠깐만요!!!

여기요!

괘-괜찮으세요?
괜찮여. 오랜만에
허리를 폈더니….
쩡

오늘따라 분주해 보이기에 와봤네.
마늘이랑 감자를 캤구먼?

실허게 잘 컸네.
괜찮나요?

주말만 왔다 갔다 하는데도
잘 자랐어여.
형님 댁에서 오다가
다 봐주세요.

그래 맞어.
그 부부가 칭찬을
많이 하드만여.
아 정말요?

사람들이 끈기가 있어서
포기하고 돌아갈 일
없다 했지여.

근디 뭐라더라
최근엔 수박밭 하나
말아먹었담서?
에-헤헤 그것도
들으셨구나~.

잉…이봐. 새댁은 있는데 애기는 왜 없나?
나긋
나긋
새댁이 아니니까요~.
형님은~ 저번에도 새댁이 새댁 아니라고 그렸어. 우째 잘하는 게 화투밖에 읎어.
호호
뭐여?
괜히 화내지 말고 얼른 줄 거나 줘.
잉? 그려야지.
우리 옆집 할매가 블루베리 땄다고 가는 김에 주라고-.
슥
잉….
휘청 휘청
니가 가져갔냐?
어디다 떨구고 나한테 찾아여?!

궁시렁
궁시렁

어딨는지 모르것어~.
할매 차에 놓고 온 거 아녀?
중얼
중얼

야 이 정신 나간 할매들아!
대답만 하고 봉지를 두고 가면 어쩌냐!
불쑥
하하하
잉 거기 있구만.

안녕하세요?
호호 서울양반.
오다가다 몇 번 봤지여?

들어와서 차 한잔하시고
늘디 기서요.
그럴까 그럼?
오오오옹

봤냐? 이것이 매직이라는
것이여. 블루베리가
알아서 따라왔잖여.
어련하시겠수.
고모님도
모셔올게요~.

끝

42화 판매

아이고 죽겠다~
괌
왈 왈
꺄하하
걸어서 갈 수 있는 곳은 다 들렀어.
나머진 아빠 오면 차에 실어서 가져가야지.
오늘은 배달 끝난 거지?
네 친구들은? 관심 보이는 사람 없어? 주문할 거면 얼른 하는 편이 나을 거야.
쫄로록
수확할 땐 많아 보였는데, 다섯 집이 나눠가졌더니
막상 나한테 돌아오는 게 많진 않더라.
꿀꺽 꿀꺽

얘기는 해봤는데 잘 모르겠어.
직접 키운 거라니까 다들 관심은 있지만.
직장 다니면 해먹을 시간도 없고 여러모로 인스턴트에 의존하게 되니까.
쨔르르르
대량으로 식재료를 사다놓기가 부담스럽겠지.
뒤적 뒤적
할머니나 어르신들은 집에서 잘 챙겨 드시니까 상관없지만.
짤랑
왜 그래? 표정이….
내 미래의 고객들인데!
수요자가 물건을 사줘야 나 같은 공급자들도 먹고산다고!
이 망할 사회…. 걔들은 더 여유롭게 살아야 해!
거국적 측면에서 발언한 거라고 생각할게….

가격을 명확하게 제시해볼까?
수확했으니까 관심 있으면 말해달라고만 얘기해놨거든.

정보를 얻게 되면 그만큼 관심도 더 생기니까.
가격은 대강 시중가보다 저렴하게 잡았어.
그래 좋은 생각이야.
치락
치익

대충 정했다고?

아직 물량도 적고,
노동력 같은 걸 어떻게 환산해야 할지 잘 모르겠어-
하 하 항
헝...

자.

감자는 10kg 15,000원, 마늘 큰 것 한 접에 30,000원, 중간 크기….

좋아 일단 보냈어.

그래. 더 재촉하면 강요하는 것 같으니까.

연락 없더라도 너무 실망하지 말자.

나한테 하는 말이…야?

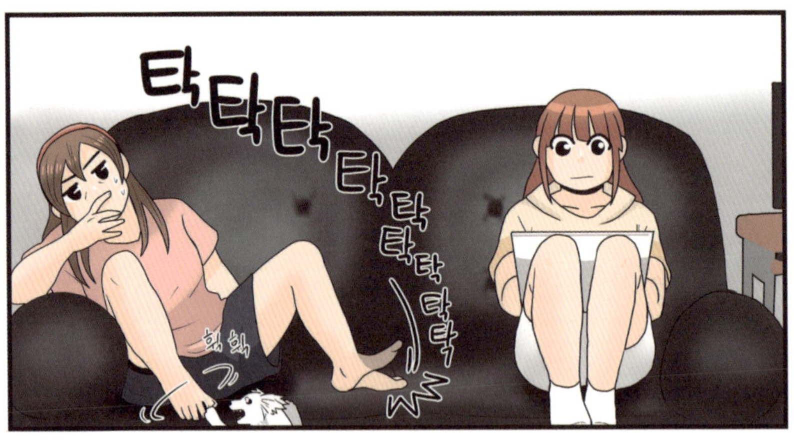

엄마….
너무 기대하지 마….
멍칫
앙

따르릉
엇! 전화다!

여보세요? 어 미지야.
무슨 일이야?

응. 10kg?
물어볼게 잠깐만.
쪼롱

엄마- 감자-
충분해!
반짝

노니야~
주문이란다~
춤춰줘요~
「♫」
응 미지야. 15,000원.
지금 집에 있어? 응응 알았어.

빵
미지 어머님께서
감자 10kg 주문이요
김여사님~!
짝
빵

지금 집이라니까
준비되는 대로 다녀올게.
그래 그래. 가만
예쁜 상자가 있던가?

예쁜 상자?
너한텐 친구 부모님이지만
나한텐 엄연한 고객님이라구.
신경 써서 보내야지!
그럼 이건 어때?
휘익
너무
지저분하잖아~
휘익

째
앵

어우 더워….

드르륵

띡 띡 띡
1 2 3 #
4 6 *
7 9

딩동
지은아! 네가 직접
가지고 온 거야?
헤헷-
안녕~

111
1.2
끼이잉

야~ 난 택배로
오는 줄 알았지잉~!
가깝잖아.

지은이 왔니?
안녕하셨어요?

어디다 둘까요?

무거우니까
그냥 거기 두렴.
으쌰

아 그리고 이거는
진짜 별 건 아니고…
이게 뭐야?
묵
직

짜
Thank you!
짠

야 난 이런 감자 상자는 처음이야-
정말 귀엽네~ 원래 이렇게 파는 거니?
하하핫

저희가 농사가 처음이고, 수확량도 아직 많지 않아서
포장지나 박스를 따로 만들어놓지 못했거든요.
우물 우물

좋은 데에 못 드리는 게 죄송하기도 하고 아쉽기도 하고 궁여지책으로 모양이라도….
뭘 그런 걸~. 어쨌든 정말 감사하다고 전해드려.

난 이런 거 좋아. 아예 포장박스를 이런 식으로 디자인하는 게 어때? 신박하잖아?

생각해볼게.
그래도 평범한 게 더 나을 것 같은데….
외면
핑크는 안해

근데 엄마, 지은이 이제 진짜 농부 같지?
여기 살 때랑 많이 달라졌어.
피부도 좀 타고 근육도 생긴 것 같고-
에? 나 선크림 엄청 열심히 바르는데-
으악!!!
그리고 제모도 안 했어.
쏙
후다
딱
바-밭에서 일할 땐 긴바지 입어서 제모 안 한 거야!
저 갈게요!!! 맛있게 드세요!
지은아~ 감자값 받아가야지~!
펄럭
만오천원
아 그렇죠 참…. 그것도 잊어버릴 뻔했네요.
화끈

왜 그래?
정신 산만하게.
탁탁탁

감자 맛이 어떤지
연락이 없어….
걱정은… 맛있구만.
탁탁탁

판로 찾기

> *설명 전에
> -식품제조허가 등이 필요한 가공품의 판로는 다루지 않습니다.
> -농산물 종류와 지역 등에 따라서 적합한 판로가 다를 수 있습니다.
> -별도의 사업 준비 과정이 필요한 판로(농장체험 등의 6차산업 관련)는 제외합니다.

① 지인을 통한 판매
  도시에 살던 이들에겐 가장 손쉬운 판매 경로

② 인터넷 직거래
  블로그, 카페, 각종 SNS 등에서 활발히 활동하던 사람이라면 시도해볼 만하다.
  개인 페이지에서 직접 거래하거나 대형 직거래 사이트에 상품 등록을 할 수도 있다.
  이 유형의 경우 상품의 홍보를 직접 수행해야 한다.

③ 농협, 지역 공판장에 팔거나, 로컬푸드 매장에 납품
  공판장에 작물을 내면 경매가 끝난 후 수입이 들어온다(직거래보다 손에 쥐는 돈이 적다).
  수요가 많은 작물, 지역특산물이 주로 거래되며 특용작물은 적다.
  크거나 맛이 좋은, '상품가치'가 높은 작물을 키워야 그나마 유리하다.
  로컬푸드 매장은 지자체에서 운영하기도 하며, 매장마다 납품 조건이 다를 수 있다.
  주로 친환경 상품을 선호하기 때문에 재배 환경이 가능하다면 도전해보자.

④ 작목반, 조합 등의 단체 가입
  지역 농민들이 '작목반'이라는 단체를 만들어 함께 특산물을 키우고 납품하는 경우가 있다.
  여기에 가입하면 공장 설립, 가공품 생산을 함께하기도 한다.
  비슷한 유형으로 특정 조합들에 가입하는 경우,
  도시에 있는 매장에서 다른 조합원들에게 상품을 팔 수 있다.

43화 선택과 집중

맛있다.
맛있다.
맛있다.
야 이리 줘!
뻑
끝!
아악! 마지막 맛없다지! 맞지?!
몰라. 난 맛있었어.
그렇게 궁금하면 직접 물어보란 말이야.
그-그러고 싶은데 맛없으면 어떡해?
궁금하지만 평가 받는 건 너무 두려워….
그래도 부딪혀야겠지….
스윽
호아압

따르르
미지야. 나야.
감자-감자
먹어봤어?

헥
뭐래?

맛있대! 쪄 먹고 볶아 먹고
조림도 해 먹을 거래!
그렇다니까. 언니도 참
인생 힘들게 산다.

가자. 더워지기 전에
우리 수박밭부터 돌보자고.
아아! 푸른 하늘!
아름다운 농촌~
맛있는 감자!
엇 안녕하세요.
네. 다들 이세 막
도착했어요.
밭에 가여~?

쨍!

잘 봐.

쨍 쨍!

수박/이식 후 약 한 달 경과

오늘부턴 수박 줄기를 적어도 두 종류로 구분할 수 있어야 해.

어미줄기와 아들줄기.

간단히 그리면, 이렇게. 뿌리에서 처음 뻗어나온 게 어미줄기.

어미줄기에서 뻗어나가는 것들이 아들줄기.

어미

아들

이젠 아들줄기들이 웬만큼 나왔으니까

어미줄기가 더 자라는 걸 차단할 거야.

어…. 그치만 얘는- 처음부터 두 개로 갈라진 것처럼 보이는데

그럼 두 쪽 다 어미줄기로 봐야 해???

이렇게 어미줄기 쪽의 끝부분을 잘라줘야 해.

오늘뿐만 아니라 새순이 날 때마다 지속적으로 말이야.

싹

잉? 두 갈래라고?

무슨 말인지 알았지?

그-그럴 수가-
아마 더 굵은 쪽이 어미줄기 아닐까?

아-아니면 곧게 뻗은 이쪽일지도….
언니를 믿을 수 없어졌어….

처음부터 잘랐음 구분이 잘 됐을 텐데-
그치만- 여긴 어미줄기 6마디쯤에서 아들줄기 2-3개를 유인한 후 순지르기 하면 된다고 써 있어.

어미줄기가 6마디씩이나 되는데 왜 아들줄기는 2-3개밖에 안 돼? 나도 좀 보자. 다 자르라는 뜻이야?
좁아
모-모르겠는데-

아악! 왜 이론이 실전에 적용되지 않는 거지?! 어?!
꾸오오-

아 몰랑! 스트레스 받아! 어미줄기 같이 보이는 건 다 잘라버려!
으아아

워워-. 나도 더 관찰해볼 테니까
왜 어미줄기를 잘라야 하는지라도 먼저 알려줘.

하- 그건- 품질이 좋은 수박을 얻기 위해서야.

수박은 계속 가지를 뻗고 자라려고 할 테니까
어미 쪽을 계속 잘라서 아들 쪽에 영양분을 더 보내주는 거지.
양분

!
아-! 그럼 같은 원리로 아들줄기를 2-3개만 남기라는 거구나!

뭐야- 그거….
무지 맘에 안 들어.
응? 뭐가?
두둥
어미줄기를 자르고 싶지 않아졌어.
난 그렇게 살지 않을 거야!

나도 몇 년 내에 자식을 키울지도 모르지만
내 모든 걸 바칠 생각은 없어!
난 내가 중요해 내가! 중요하다고!
어- 그-그-그건 나는 네 의견을 존중-
으으- 이게 아닌데!!!
쭈욱
말해봐 언니! 어미순을 자르지 않아도 수박은 먹을 수 있잖아!
그렇지! 맞지?! 수박 안 열리는 거 아니잖아?!
그래- 맞아. 덜 크고 덜 단 수박이 열릴지도 모른다는 것뿐이지이잉-

덜 크고
덜 달아?!
헉
난 괜찮아.
그렇게 해서 네 마음이
편해진다며어어언-
그럼….
쌔액
한쪽 줄만 자르자!
….
물끄러미
왜-왜
그렇게 봐…?
신념을 고작
수박에 바치다니….
피식

그냥 우리끼리 이름을 바꿔 부르는 게 어때?
뭔가가 연상되는 이름 말고.
그-그럴까?

그럼 언니-
필요한 줄기랑 굳이 필요하지 않은 줄기.
이런 식은?

에이 그건 너무 길어서….
…!?
하항..?

필요하지 않다고 잘라버리는 건가….
그래…. 어쩌면 난 사회에 필요하지 않은 존재일지도….
중얼
백수

싹둑 싹둑
이러다간 점심 전에 시작도 못하겠어.
여기 자른다.
으억! 안 돼!
아야-

으악! 제발 자르지 마…!
내가 잘리는 것 같단 말이야-!
하항항
으이구-!
수박 하나 기르면서 별 생쇼를 다 한다.

왜이앙
왜이-아

해주야.
나 포장지 디자인
같은 일을 배울까?

산업디자인 일
말하는 거야?
갑자기 왜?

친구네 집에 감자를
배달했는데 변변한
포장재 하나 없는 게
아쉽더라

고가의 개성 있는
상품이면 또 모르지만.

헉
헉

글쎄…. 난 일반 농산물
포장이 특이할 필요는
없다고 생각해.

그만큼 투자할 정도로
가격이 높지도 않고.

탁

그러네….
힌트를 얻은 것 같다가도
결국 잘 모르겠어.

어유 근데 벌레가
참 많아졌다.

이거 다 모기니?

헉

들어가자.
짜증 날려고 해.

위에이!
탁
이 써어글 모기@#$%&
왕파리*&%$#@
니들은 다 죽었써어!!!
우당탕탕

44화 노동력

졸졸졸…
할머니 미끄러워요! 조심하세요!
어여 가! 기다리지 말고!
여기서 기다릴게요!
어여 가라니까!
아이 참. 기다린다니까요.
어우- 힘들다. 왕할머니는 지금껏
여길 어떻게 매일 오르신 거지?
새벽에 비만 안 왔음 괜찮았으려나.
7월. 예년보다 비 소식이 적은 여름입니다.
그동안 자란 들깨 모종을 이식하러 가는 중이에요.

너네 엄마는 멀쩡한 땅 두고
왜 이런 델 빌려 농사를 짓는다니?
내 손 안에 있는 걸
우선 잘해야지-
옆집 왕할머니가 허리 통증으로
이 밭을 못 쓰시겠대요.
그래서 우리한테
빌려줬다고 들었어요.
할머니 멀이에요
뭐라고?
잘 안 들린다.
오늘의 손님
지은의 외할머니

참… 요사이 귀가
부쩍 어두워지셨다고
그러셨지.
그럴까?
깜짝
하필 할머니 오신 날
이런 험한 델 올라가다니!
할머니가
엄마 아빠 혼내줘요!
소곤
소곤

근데 요샌 농촌이라고 해서 물이 깨끗하단 법도 없는가 보구나.
휘적

워적
송사리 한 마리 있을 법한데 웬 잡벌레들만 가득해서는.

툭
꼭
꼭
꼭
꼭
어이쿠 미안하다 네 얘긴 아닌데.

개구리에요? 험상궂게 생겼어.
두꺼비 같구나.
부

그러냐? 저래 봬도 독이 있는 놈들이 많아서 조심해야 해.
두꺼비는 생각 외로 울음소리가 귀엽네요.
개구리면 먹어도 된다.
뒷다리가 아주 맛있지.
안 먹을래요.

보세요 할머니.
저게 오미자 키우는
구조물이에요.

구조물 안쪽에 열매도
열려 있는 것 같아요.
그래 들어가서 보면
예쁘겠구나.
문경 특산물인데
우리도 정착하면 저걸
키울지도 몰라요.

오미자가 감기에
아주 특효지.
감기에 특효인 게
어디 한두 개인가요~
으르릉-

이봐요.
할머니-
컹
그르르
왈왈
음?

이봐요-이봐-
왜 대답이 없어?
휘청

흡
크르릉
윽 술 냄새….

할머니- 거 말뚝 안 보여요?
남의 땅 함부로 밟으심 안 되지.
휘청
말뚝?

어- 이거 말이로구만.
거 미안허요.
크아하
미안할 걸
왜 밟고 그래요!

가자. 이 사람들
많이 취했다.
안 밟은 거
같은데-
어어? 어디 가?
말이면 다야?
형씨. 그만해~
도망가잖아~

이봐 아가씨!
개는 걸어야지! 뭐 할라고 끌어안고 다녀!

개가 우리보다 팔자가 좋구만~!
아하하하

빠직

째앵
여기 지대가 확실히 높긴 높구나.
그래. 자주 오기 힘들 거 같아서 들깨를 심는 거야.

왜? 들깨는 관심 받기 싫어하는 식물인가?
글쎄….
굳이 말하자면 방임해도 알아서 잘 자란달까.

모종.
여기.
미리미리 서너 개씩 떼어놔.

근데 엄마.

저 사람들 누군지 알아?
누구?

옆 밭에서 일하고 있는 사람들 말야.
혹시 우리 마을에 살아?
글쎄, 아마 아닐걸?

휴 다행이다….
저 밭 주인도 귀농한 사람이라서 몇 번 봤거든.
근데 그분은 농사는 직접 안 하셔.

귀농을 했는데 농사를 안 하면….
귀농인가…?

뭐 그건 본인 선택이니까 우리가 신경 쓸 필요는 없을 것 같지만.
저렇게 일꾼을 많이 고용했을 때-
인건비 때문에 수익이 충분히 남을까 나도 좀 궁금하긴 해.
야. 모종 미리 준비해서 주라니깐.
벌떡
생각해보니 더 화나잖아! 땅 주인도 아니었단 말이지!!!
부글 부글
엄마
그 땅 주인한테 일꾼 몇은 바꾸시는 게 좋겠다고 권유해.
아까 보니까 남자 몇은 이미 만취상태던걸!!!
그래…? 술에 취해 있었다고?

그러고 보니…
열심히 일하시는 분들도
있는 반면에

다른 한쪽에선
우리가 일하는 내내
시끄러운 술판이
이어지는군.

사박 ♪♫ 사박

괜찮아.
굳이 말하지 않아도.

다시 마을에 일꾼으로
올 확률이 그리 높진
않을 테니까.

왜?

일일 일꾼이거든.
할 일이 많은 날 한시적으로
고용하는 거지.

요새는 농업센터에
요청하면 파견하기도
한다던데, 대개는
인력회사에서
소개받은 걸 거야.

♫
땡볕

땡볕
♫

그래도 저건 아닌 것 같다.
고용자가 자릴 비웠다고 해서 저런 모습을 보이다니.
사돈 남 말하고들 있네.
아아 엄마-
장모니이임?
봐라. 딸내미랑 사위 미적대는 동안 나 혼자 밭의 절반을 다 메웠다.
도왔다
가져련
엄마는! 안 아픈 곳 없는 사람이!
산나물 캐면서 기분이나 내랬잖아!
내가 다 알아서 한대까지!
뚝뚝
이게 다 습관 탓이다…!
장모님!
짝
욱
키득 키득

낮잠시간

드르렁

드르렁-컥

달그락 달그락

이게 무슨 소리야….
달그락 달각

드득

엄마!
비빗

<농촌은 이 상황에 어떻게 대응하고 있나?>

1. 기관에 인력 파견을 신청
  : 대표적으로 농협의 농업인력중개센터
   지자체에서 운영하는 사업의 경우엔, 영농작업반· 농촌인력은행 등으로 불린다.
   주로 도시 유휴 인력이 노동자로 참여하게 된다.
   물론 노동자의 급여는 농장주가 주지만,
   간혹 지자체에서 보험료, 교통비 등을 지원하기도 한다.

2. 인력회사에서 중개
  : 사립회사에서 일일 혹은 상주 인력을 구하는 것

3. 품앗이-작목반-조합 등의 단체 행동
  : 마을 및 지역 내부에서 인력난을 해결하기 위해 집단으로 농업활동을 하는 것
   작목반은 같은 작목을 키우는 사람끼리 일을 돕는 모임이지만,
   작목에 상관없이 아예 마을 또는 조합의 단위로 농사를 짓고 수익을 분배하는
   경우도 더러 있다.

쏴아

짐은 비 그치면 내리자.
일단 들어가.
투두둑
응.

이모 안녕하세요!
어서 와. 지은아.
신발 올려놔라
다 젖는다.
네.

많이도 온다.

비가 이렇게 많이
오는 줄 알았으면
이번 주말은
그냥 쉴 걸 그랬어.

그러게. 세상에
괴산 지나서 터널
빠져나오자 마자
비가 오는 거야
글쎄?

왔어요?
하이-

장마인가?

글쎄. 국지성
호우 아니려나?
요샌 옛날하고 달리
장마라는 말이
별 의미가 없잖아.
하긴. 날씨 봤어요?
언제 갠데?
일찍 그쳐야
조금이라도 일을
할 텐데.
다행히 내일 새벽엔
갠다는 것 같아요.
그런 것 같네.
그럼 오늘은 정말
할 일이 없군.
그렇지.
잠이나
잘까?
그럴까?
씨
익

수박들은 잘 버티고 있으려나….

지은 엄마 나 좀 잘게. 운전하느라 피곤해서-
저녁 때 깨울게-.
어- 갑힐드-! 비 피하러 왔구나!
야옹

그나저나 우리 들깨는 괜찮으려나?
모종 옮긴 지 얼마 안 됐잖아.

괜찮을 거야. 물이 잘 빠지니까. 고모님 땅이 워낙 비탈이잖아.

그것보단 우리 밭 경계에 물길을 내는 게 좋겠어.
그래 오늘 날씨 보니 그래야겠다.
후후

쏴 —
홀짝

요샌 그 사람들
엄청 조용하네.
마주치는
일도 없고.
그러네.

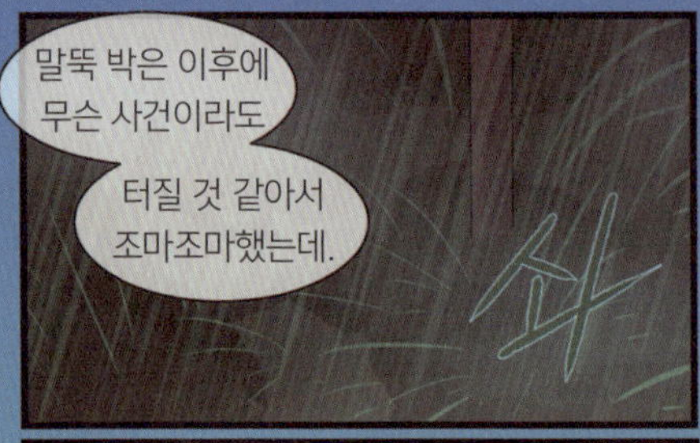

말뚝 박은 이후에
무슨 사건이라도
터질 것 같아서
조마조마했는데.
쏴

아무 일 없는
편이 좋지 뭐~
스트레스 받을
일도 없고.

아 행복하다!
이렇게 즐거움만
가득한 귀농 생활이
지속되면 좋겠어!
쏴아아

다음 날

오늘은 해주가 없어서 오래 걸렸네.
수박은 어때?
질척

그렇게 쏟아진 것 치고는 멀쩡한 것 같아.

가끔 흙에 묻힌 덩쿨이 있어서 꺼내주고 왔지.

물은 안 고였든?
아니 그렇진 않던데.
탈탈

다행이네.
거긴 물이 잘 빠지는 편인가 보다.
그런가 봐. 수박엔 그게 좋대.

그래서 수로를
파는 거야?
난 수박밭에도
하나 내야 하는
줄 알았지.
우리 밭은 진흙에 가깝나 봐.
물이 생각보다 잘 안 빠지는 것 같아.
만들어둬서 나쁠 건 없지.
어제처럼 비가 많이 올 때를
대비할 수 있으니까.
으샤-
뭐야 이거
돌이 걸렸나?
왜 안 빠져?
물기 때문에
흙이 무거워.
팍
팍
낑낑

좋아.
퉤
컹
털
으어으
뚝 뚝

오오 엄마
대단하다~
김막금 여사 나이스
괴력의 기물파손~!!!
짝짝
사악
으이이이~!!!
당신 나 놀리려고
일부러
뛰어왔지!!!
거기서
이씨 양반아!!!
뻥

두다
다다
!
?
위잉잉
위이이이
두다다다
팟
위이이
오아아아!
따콩
위이
이잉!!

뽑았다!
척

정말 안 아파?
병원은 가보는 게
좋지 않을까?
지금까지
박혀 있는 줄도
몰랐는걸….

신기하군.
이건 기념으로
보관해야겠어.
그래…?
이제 아프면
벌침 맞으러
가면 되나….
당신은 벌침에
딱 맞는 체질인가
봐–

오오오오오!!!
드륵

대단해
엄마!
막금아 너
양봉해라!
그래….
짝
짝

1. 농사에 영향을 끼치는 다양한 기후 조건

일조량이 충분한지, 비는 적절히 내렸는지, 기온이 너무 낮거나 높지 않았는지 이 모든 기상 요건들이 그해의 농사가 풍년인가 흉년인가를 결정하는 데 매우 큰 영향을 준다. 하지만 매년 풍년이 보장되는 것은 아니므로 사람들은 비닐하우스처럼 날씨의 영향을 조금이라도 줄일 수 있는 기술을 개발한다.

2. 변화하는 기후. 농작물 선정과 재배법에도 영향.

우리나라는 오랫동안 온대기후가 유지되어 왔다. 사계절이 뚜렷하고 여름에 장마가 있는 것이 온대의 특징이다. 그러므로 농업도 온대에 재배가 용이한 작물 위주로 노하우를 쌓아왔다. 하지만 세계적인 기후 변화는 한반도에도 조금씩 변화를 가져오고 있다.

더운 날이 점점 늘어나고, 장마 대신 '스콜'이라 불러도 좋을 만큼 많은 양의 집중 호우가 국지적으로 내리는 경향이 짙어졌다. 때문에 망고, 커피, 무화과, 패션후르츠, 파인애플 등 전에는 시도할 수 없었던 아열대, 열대 작물들의 재배가 가능해지고 있으며, 더불어 냉대와 온대 작물들의 주요 재배 지역도 조금씩 북상하고 있다.

뿐만 아니라 매년 같은 작물, 예를 들어 사과를 키우고 있다 하더라도 기후 변화에 따라 꽃이 피는 시기, 퇴치해야 하는 병해충 등 안팎의 조건이 변할 수 있기 때문에 농부라면 날씨와 기후에 신경을 기울이고, 새로운 재배법을 공부할 필요가 있다.

위이잉
위이잉

이잉
꼬아아악
이이잉
슬금

ㅇㅇㅇㅇ—
싫다 싫어….
오싹

벌레가
떼거지라니….

으악!!
☆흠칫

꺄악!?!
쏘옥

나와 이놈아!!!
당장 거기서 나오란 말이야!!!
?!

누나 무슨 일이야!!!
버-버-
두리번
뭐?!

다리 많은 벌레가 창고방으로 들어갔쒸!!!
…
땍콩!
아야!!!
엄마! 누나가 나 때려!!!
하여간 재밌게들 놀아요~.

벌레가 무섭냐?! 너랑 안 어울려!!!
뚜
력
부

삐빅 삐빅 삐빅
긴 다리가 다닥다닥 붙고 몸에 줄무늬가 있는 벌레….
그거 돈벌레 같은데?
그게 집주인 할머니 가구 모아놓은 방으로 들어갔어.
나무 잔가지 정리하는 중
아니 이보시오 아버지.
해롭지 않다니 그게 무슨 소리요…!
정신건강에 해로워!
그래?
뭐 괜찮아. 그건 인간한테 해로운 곤충은 아니거든.
정말이야….

돈벌레는 돈을
많이 벌게 해준다!
히이익!
정말 해로운
개그로다….
웬만하면
웃어줄랬더니
휘이
후
흑…

하지만 익충인 건 맞아.
바퀴벌레도 잡아먹는 게
바로 그 돈벌레거든.
주로 인간에게
해로운 벌레들을
잡아먹고 살지.
오오 그건
마음에 드는데.
그래두 내 눈에는
안 띄면 좋겠다구.

그래. 그럼 됐어.
굳이 찾아다니며
죽일 필요 없지.
우리에게 이로운
벌레도 많으니까.

방금 네 어깨에
붙은!!!
에에엑!!!

풀잠자리는 진딧물을 잡아먹으니까 농사를 돕는 셈이고.
아 잠자리는 나도 좋아해.

네 발 밑에서!!!
꿈틀
꿈틀
끄악?!

꿈틀거리는 지렁이도 없어선 안 될 존재지.
꿈틀

거 되게 파닥거리는 녀석이네.
파닥

우와 무거워-
꿈
틀

이 녀석 힘이 엄청 좋은가 봐!
꿈틀
대왕지렁이다!
끼아아악!!!
누난 농촌에서 살 거면 이 정도는 익숙해져야지.
쌩
거기서라!!!
아하하
끼익

핵
?

퍽

더 다가오면
너 진짜 큰일 난다….
그 불쌍한 지렁이도
얼른 풀어줘.
구
오
오
오.

힐끔
여러분 이렇게 축하해
주셔서 감사합니다.
힐끔
흠흠

전 제가 똑똑하다는 걸
이미 오래 전부터 알고
있었어요.

성적이 올라서 다음 학기 장학금을 받게 된 건 정말 당연한 수순이죠.
이눔시키야 그럼 입학하면서부터 열심히 하지 그랬냐!
팅
나쁜 시키. 한 학기에 등록금이 얼만데!
에이 잠이나 자자. 돈 생각하니까 복장 터진다!
흑흑
어머니 기념으로 치킨을 시켜주신다고 하지 않으셨나요…?
어-엄마… 나랑 황토방에 가서 잘래?
왜? 거기 여름엔 쓸 일이 없어서 농작물 이것저것 말려놨는데.
쭙
쭙
그래…? 알았어. 어쩔 수 없지 뭐.
화장실 갔다 올게.

헉!

탕
워잉
워
잉
탕

이이잉—
워
이거 어디 겁나서
불을 켜겠나…
이잉—

집을 새로 지으면
좀 괜찮아질까?

웽
웽
끼익
—

탕
흐이잉…

저리 가라 이놈들!!!
내 엉덩이에 붙지 마!!!
워잉
워잉
이날 지은은 처음으로
심각하게 귀농 포기를
고민했다고 한다.

당당당당

딸, 오늘은 우리도 특별한 일거리 없으니까
너희 밭일 끝나면 먼저 집에 가도 돼.
알았어.

너희가 점심 준비하면 더 좋고~!
멍첫

그럼 라-
으흐흐흐흐
-면은 없지롱~

칼국수 거리 사다놨어~.
잘 부탁해!
가자 노니야~!

엄마는~
꾀부릴 틈을
안 준다니까?

어때?
너 합숙 다녀온 새에
엄청 자랐지?

응! 무지막지하게
자랐네.
수박은 정말 증식력이
강한 것 같아.

어?
음?

해주야 이거 봐!
왜 그래?

꽃이야 드디어
꽃이 폈어!

우와 정말?! 예쁘다!
노란 꽃이네?!

어 여기도 있어.
잎이 너무 많아서
잘 안 보였나 봐!

어 저쪽에도!
노란 꽃이 숨어 있다!

꽃이 폈다는 건-
곧 수박도 열린다는 거지?

맞아! 조그만 수박이
여기저기 열리기
시작할 거야!

어디?
어디에 수박이 달려?

여기?
꽃 끝에서?

아니 여기. 꽃
아래로 부풀어 오르기
시작할 거야.   요렇게.

아 그럼 꽃이 시들면서
수박의 똥꼬가 되는 거네!?

빠쓔

윽… 신난다고
아무 말이나
뱉지 마…!

헤헷- 자 그럼 오늘도 힘차게 일합시다!
꽃을 봤더니 기분이 무지 좋다!

잠깐만. 내가 전에 공부할 때 꽃이 피면 뭘 해야 한다고 메모해놓은 게 있었어.
곁가지 치는 거 말고?

응. 그건 쭉 해야 하는 일이고.
여기 있다- 보자- 아들 줄기에서 잎 하나를 한 마디 라고 치고.

17-20째 마디에서 수박을 키워야 잘 자라므로
그 외엔 착과를 막기 위해 미리… 꽃이나 열매를 떼어버리…

주룩

껴이
껴이

한 시간 반 후
툭
농사는
잔인한 일이야….
침울
하– 어쨌든, 이제
우린 꿀벌들이 오기만을
기다리면 돼.
인공수정을 할
수도 있겠지만.
후–
우리는 바깥에서
키우고 주변에 벌도
있으니까.
굳이 필요
없을 것 같아.

있어? 가끔 말벌이나 땅벌은 봤는데 꿀벌은 본 적이 없어서….
걱정하지 마. 내가 봤어.

저-정확히는 죽은 꿀벌의 침과 내장이었지만….
뭐…?
버뻑

얼마 전에 엄마가 벌에 등을 쏘였거든.
아빠가 그랬는데 분명 꿀벌침이랬어.
와아… 말벌이나 땅벌이 아니라서 정말 다행이네….

으흐으… 나도 밖에선 조심해야지….
해주야- 저기 봐!
어- 저건…!

나비다!
조용히 해! 놀라서 날아가면 안 돼!
펄럭
척!
다른 꽃으로 옮겨 갔다!!!
와악
따르릉

펄럭
어어…

왜 엄마…?

어- 우린
다 끝났어.
응? 왜?
칼국수 준비하라며?

알았어.
왜? 뭐라셔?

짜장면 시킨다고
올라오래.
우와- 우리동네
배달도 돼???

엄마- 점심을 여기서 먹게?

그건 뭐야? 고구마? 오늘 특별히 할 일 없다며
어어 그렇게 됐어.

나도 조금 더 키운 다음에 엄청 큰 걸 캐고 싶었단 말이야.

그런데 저렇게…
멧돼지가 밭 한쪽을 난장판으로 만들어버렸어.
정말… 저쪽은 비닐이 다 찢어졌네.

3분의 1은 증발한 것 같아….
그래서 더 먹히기 전에 거두려고….
아… 그래야겠네요….
산에 먹을 게 많이 부족한가?

아빠 멧돼지가 여기로 들어온 거야?
어.

울타리 기둥이 완전히 뽑혀서 누워 있더라.

봐. 밑에서 밀어올렸는지 아랫부분이 아예 끊어져버렸어.

언니… 우리 고구마가 엄청 맛있나 봐.
뭐래니….
응 그러니까 이런 수고를 했겠지….

좋아! 우리도 얼른 캐서 먹어보자!!
그러자!!!
아자!!
아자!!

짜장면 배달 왔습니다!
피벅
먹자!!!

간짜장인데 불었잖아-!!!
산골이라는 게 실감난다…!!!

탕수육을 안 시켜주다니…!!!
농땡이
피울테다

빈얏···

으흐흐
BANK OF KOREA
10000

군고구마가 왔어요~!
그나마 좀 큰 것들로 골라봤어.

이거 봐라!
뭐-뭔데?

고구마 팔고 얻은 돈이지롱~ 너무 작아서 팔 수 없는 고구마였는데 너네 할머니가 불쌍하다고 사주셨어.
자랑할 일은 아닌 것 같은데···.

아이 아쉽네에~ 멧돼지한테 뺏기지만 않았으면 크게 키워서 더 벌었을 텐데.

할머니께 감사해 엄마. 금액 보니까 그건 그냥 용돈이야 용돈.
후 후

불쑥
깜짝이야! 뭐야?
폐하! 신에게 자비를 베풀어주시옵소서!
철
푸덕

그대는 이달에 가불해간 용돈마저 다 썼단 말이오?
면목이 없사옵니다!!!

일주일간 청소, 빨래, 설거지를 도맡아 하면 2만 원을 하사하겠노라.
성은이 망극하옵니다!!!

그럼 세탁기를
먼저 돌리겠나이다~.
키득
접합 부분에 조금이라도
오차가 발생하면 목재를
처음부터 다시 제작해야~

우물우물

아빠
고구마 식겠어.
응.

심
각

뭘 그리는 거지?

· · ·
도대체 이게 뭐지?
??
열심

아직 작업이 끝난 게 아니다.
이렇게 제작한 이동식 한옥은
집을 사용할 곳으로 운반해 가서
한치의 오차도 없이-
이동식 한옥 제작?

우리 새 집은 한옥으로
지을 생각인가?
한옥에 살아본 적은
없지만 뭐 괜찮겠지.
기대된다 · · ·

잠깐···!
설마 이게 설계도?!!

그 주 주말
지은아~ 일 끝나면 위로 올라와~!
아빠가 멋있는 거 보여줄게!
알았지? 꼭이야!
알았어….
후… 다행스럽게도 그건 집 설계도는 아니었어.
끝끝내 뭔지는 말해주지 않았지만.
언니-언니-
빨리 앉아서 이것 좀 보소~!
그래. 한 주 동안 우리 꽃들 잘 지냈-

헤헤
헙

이야!

이야아아!!!

수박이다!! 수박!!!
줄무늬도 있다아!!!

이건 찍어야 된다.
찍어야 돼!
플래시는 안 켜는 게
더 잘 나오겠지?

세상에 이렇게 빨리
열릴 줄 몰랐는데-
수박은 애기 때부터
줄무늬가 있구나~
신기하다.
찰칵
찰칵

그때 어른들은

크크크...
휙
탁
슥
삭
슥삭

움

ㅜㄷㄷㄷㄷㄷ

헛둘 헛둘

끙...

해주야 넌 아빠랑 이모부가
직접 집을 짓는다고 하면
어떨 것 같아?

직접 짓는다고?
전문가도
아닌데?

두 분 다 은근히
직접 뭔가를 만드는 데
욕심이 있으시잖아.

그렇지 당장
샤워실만 봐도.

그치만 만약
아빠가 집을
짓는다면….

흐음…

엄마가 맘에 안 든다고
짜증낼 것 같아.

ㅋㅋㅋ

게다가 살면서
수리비가 더 많이
들지 않을까─

와아-
뭐 만드는 거야?
어 왔니?

벌목하고 남은 목재를
재활용했지!
원두막이야!

수박은 이런 데서 먹어야
폼이 나지 않겠냐.
짝
짝
우오오오-

애기 수박에
벌써 눈독을
들이고 있어.
방심하면
서리
당할지도.
소근
소근
같이 먹자….

뼈대는 이걸로 끝!!!

아빠? 시붕은? 뭘로 할 서야?
바닥은? 어떻게 깔아?!
반짝

짚? 역시 지푸라기를 올리겠지?
살짝 계단도 만들어 주면 좋겠다!
어-으응… 그래야지-
으쓱
거기까진 생각을 못함.

49화 자신감 넘치는 사나이

걱정 마세요!
누나가 평소엔 바보 같아도 아직 그릇 한 번 깬 적 없어요!
ㅋㅋㅋ

너 나를 그런 식으로 생각하고 있었단 말이지!!!
아 누나 미안해여―
빠직
빠직

바닐라 라떼 두 잔이죠? 내가 자리로 갖다줄게요.
고마워.

―아 덥다 더워

저 애도 취업준비생이야?
응 근데 나랑은 처지가 좀 달라.

그림을 그리거든. 그래서 가끔 나한테노 가르쳐줘.
아르바이트랑 프리마켓 판매를 병행하면서 돈을 버는 것 같아.
그렇구나. 다들 고단하게 사네.

근데 농촌 생활에도 흥미가 있나 봐.
내가 귀농 준비한다고 말했더니 관심을 보이더라구.
워잉

오 그래? 그렇단 말이지…?
왜-왜 그렇게 눈을 반짝이는 거지?
반짝

한 반 년 농사를 지어봤더니, 확실히 노동력이 부족하면 얼마나 힘들지 감이 오더라구.
으아ㅡ

그래? 요즘은 특별한 일이 없다기에
할 일이 많지 않은 줄 알았는데.
그래. 그건 그렇지.

그치만 생각해봐라. 지금도 나무만 몇 그루냐? 매번 잔가지 정리해주고
밭 작물 돌봐야 하지. 해도 해도 끝이 없는 오래된 집 청소에
울타리는 시시때때로 끊어져서 또 다시 수리.
그런데 뜬금없이 또 원두막을 짓겠다질 않나….

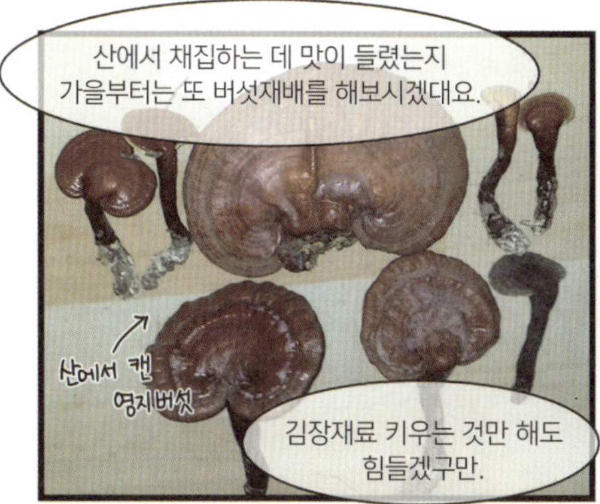

산에서 채집하는 데 맛이 들렸는지 가을부터는 또 버섯재배를 해보시겠대요.
산에서 캔 영지버섯
김장재료 키우는 것만 해도 힘들겠구만.

하루가 멀다 하고 일이 늘어나니 ….
지-지금은 이것저것 해보느라 정신이 없는 걸 거야.
나중엔 몇 가지로 정리되겠지.

그래서 뭐 세준이를 고용하고 싶다 이 말을 하려는 거야?

하- 가파른 산을 올라다니느라 다리며 허리며 성한 데가 없어.
요즘은 코피가 안 나는 게 신기하다니까?
탁
탁

농사에 경험도 없고 돈도 없고…
근데 경험이 없으니 시행착오가 생겨서 돈이 두 배나 더 들어….
풀썩
농담이라도 자원 봉사하라는 말은 꺼내지 마….

짤
랑
바닐라 라떼
두 잔입니다!

휘핑 올려드렸어요.
맛있게 드세요.
건장한 노동자
고마워요.
윽-

세준아. 너 얼른
피신해라.
손님 없는데
나도 농사 얘기
들으면 안 돼요?

흥, 물론 나도 정당한 임금 없이
일꾼을 고용할 생각은 없어.
다만 돈이
없을 뿐….

정 여건이 안 되면
아르바이트생을
구해야겠지만.
흠…

우선 가족마다 의무적으로
인력을 차출하자는 안건을 내야겠어.
그래 제발
그렇게 하자….

참 9월에 도로포장 신청할 건데
넌 어떻게 할 거니?
어떻게 하냐니?

도로가 집터까지 연장이 되면,
임시 집에 거주하면서 집을
직접 지을 계획이거든.
그렇구나….

정말로 이 도시를 떠나는 거네….
난 여기서만 쭉 살아왔는데
약간 아쉽다.

잠깐만, 우리가
직접 집을 짓는다고?
전문가한테
맡기는 게 아니라?
그래.
의욕 넘치는
두 남정네들이
그렇게 우기고
있단다.

원두막은 그렇다 쳐도
집은 아니지!!

건축 쪽으론 문외한들이면서
왜 그렇게 자신감들이 넘치는지….
뭔가 대책이
필요하다!!!

쑥
쑥
쑥
…

정말이야?
이게 정말 끝?

응. 더 이상 내가 뭘
더 할 수 있는 게 없어.
그치만 이런
모양이어서는-
탁

수박을 따도 올라 앉아
먹을 수가 없잖아…!
바닥을
깔아줘야지….
텅
텅

어쩔 수 없어. 지붕 없이
바닥을 먼저 깔았다가
비가 와버리면 나무가
썩을걸.

그럼 지붕을 천막으로 때우지 말고
올리면 되잖아.
못해.

나랑 해주아빠만으론 힘이 부족해서
도저히 지붕을 손댈 수가 없어.
다른 아빠들 올 때까지
기다려 봐야지.
아아….

그럼 아빠 원두막 제작업체에 맡길 생각은 안 해봤어?

어?

그건 싫어! 내가 할 수 있는데 뭐 하러 돈 주고 남한테 맡겨?
노동력만 보충되면 금방 지붕 올릴 거야.

그럼 아빠 집도 정말 직접 지을 거야?
집 같이 어려운 구조물은 아빠가 감당하기 힘들 텐데-

걱정 마! 집 짓는 거 쉬워!

쉽다고…

그래. 건축박람회에 가서 봤는데 말이지.

집 설계를 해서 주면 철근으로 뼈대를 제작해주는 업체가 있거든.

거기서 뼈대를 주문한 다음에 벽을 쌓으면 돼!

내가 조사한 바에 따르면 집 짓는 건 전혀 단순하지가 않아. 적어도 몇 가지 단계가 있고, 각 공정마다 수많은 선택을 해야 한단 말이야….

하지만 샤워실에 원두막에- 흥이 오른 옹고집 아빠한테

전문가에게 맡기자고 말하는 건 씨알도 안 먹힐 거야

정말 재밌을 거야. 그렇지 않니???

그래 정말 재밌겠다 아빠.

이럴 땐 다른 접근법이 필요해.

내 다락방도 꼭 부탁해!

그래! 아빠가 무지 아늑하게 만들어줄게!

* 법적으로 '도로'라는 말은 '국유도로'를 말하나 이해를 돕기 위해 여기서는 모든 도로를 의미하는 집합적 개념으로 사용하겠습니다.(사유도로는 '도로'에 연결되는 '길'로 정의해놓고 있음.)

<도로 포장을 하는 두 가지 방법>
–도로 포장에는 두 가지 방법이 있다.
① 사유 도로(사도) 개설
  : 지자체의 허가를 받아 '본인 소유지'에 '본인 돈'으로 도로를 내는 것이다.
  토지 경계가 국유도로에 접했을 때 집터까지 연장하면 된다. 타인이 이 도로를 사용하려면 주인의 동의가 필요하며 사용료를 지불해야 할 수도 있다.

② 국유 도로 개설
  : 지자체의 허가를 받아 '본인 소유지 혹은 국가, 타인의 소유지'에 '지자체 예산'으로 도로를 내는 것이다. 봄과 가을에 신청을 받아 집행된다.
  이 경우, 본인 소유지 내에 개설했더라도 도로는 국가소유가 되며 함부로 타인의 통행을 방해하거나 막을 수 없다.

개설하려는 도로가 타인의 소유지를 불가피하게 지나야 하는 경우 미리 땅 주인에게 허가를 받아야 한다.

50화 긴급지령! 원두막을 완성하라!

자 그럼! 원두막 제작 도와줄
사람들은 이쪽으로

어이어이 거기
주원, 주언.
너희들은
이리로 오지?
멈
칫

아줌마 나도
거들 수 있어요!
나 힘
완전 센데?
불
끈

그래?
그렇단
말이지?
척

들어 봐.
꿀꺽

괜찮아 주언아.
형만큼 크면 너도
들 수 있을 거야.
으앙

엄마!
소윤이 좀 떼어줘!
소윤아 넌
고모랑 밭에
가야지~!
싫어! 나도 언니랑
같이 갈래!!
내 바지~
넌 방학숙제 하러
온 거잖아~! 얼른
떨어져 얼른!

소윤아. 해주 언니는 원두막을 지어야 해서 지금은 놀아줄 수 없어.
으아아아앙
피융

대신 다른 언니를 소개시켜줄게.
다른 언니?

자.
이제 이 언니가 사촌 언니인 거야. 알았지?

…?

지은아 부탁한다. 우리도 밭 일 할게 많아. 넌 수박만 돌보면 되잖아~
아 사진 많이 찍어줘야 해! 숙제라서!
…

언니 수박 키워요? 나 체험일기 써야 되는데-

누나….

도와줄게…
나도 수박 키워봤어-
심심해요….

하하…

자 이게 나랑 해주가
돌보는 수박밭이야.

우왕!!

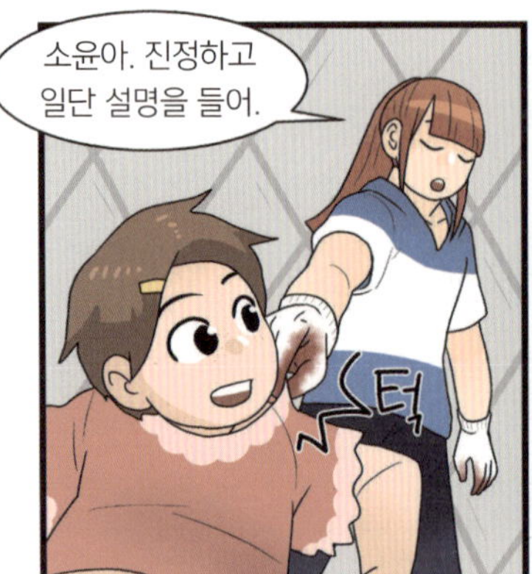

소윤아. 진정하고 일단 설명을 들어.
스턱

네 대장 말해요!
고맙다.

너희들이 할 건 간단해. 내가 곁순을 제거하는 동안 수박에 물을 주는 거지.

쳇 시시해. 날 무시하는 거야?
그런 건 초보 중에 초보나 하는 거라구.

?
우리가 곁순을 딸 테니까 누나는 물이나 주셔.
그럼 장갑이나 끼고 해!!

어디 보자 벌써 수박이 열렸네.
그럼 새로 올라오는 걸 제거하면 되겠다.

누나 여기- 이 조그만 게 수박이지롱.
우왕?
저 녀석 마냥 사고뭉치 같더니
이럴 땐 또 듬직해 보이네.
그 아줌마잖아….
한동안 안 보이더니 웬일이지?
누나도 저 할머니 알아?
너도 저 아줌마 누군지 아니?
응. 할머니가 그랬는데 한때는 우리 마을에서 가장 돈이 많았대.

그치만 난 저 아줌마 싫어.
내 인사를 안 받으니까.

아 저 누나가 수박이랑
사진 찍어 달랬는데!

빨리빨리!

흔들

흔들

언니!! 나
사진 찍어줘!

알았어 소윤아!
일단 그거 내려놓고
기다려!

알았어~

어 끊어졌다.

뚝

뚝

아아악!!

와 시원하네.
샤워실도 아저씨들이 만드셨나봐요?
어… 원두막은 잘 됐어?
말도 말아요.
나무 들어올리는 게 어찌나 힘들던지.
아마 내일 오후에나 완성될 거 같아요.
후- 그래.
수박 사건은 그만 잊어버려요.
애가 힘이 센가 보지.
몰라- 조카한테 아끼는 장난감 뺏긴 기분이야….
근데 넌 붙임성이 참 좋구나.
모르는 사람이 이렇게 많은데 말도 잘 트고.
뭐 워낙 친척이 없다 보니 대가족이면 이럴까 싶기도 하고.
농촌 와서 살려면 붙임성이 좋아야 한다면서요?
나 할머니들한테 스타 될 것 같죠?
키키

너 정말 귀농을 진지하게 생각하고 있었구나?
그럼요. 방법을 잘 모를 뿐.
어차피 나도 여자친구도, 어디 살든 관계 없는 일을 하고 있고.
맞아 사진작가랬지.
평소에도 마음이 바쁘지 않은 곳에서 살면 좋겠다고 생각하곤 했거든요.
야옹-
하긴, 농촌이나 도시나 치열한 삶의 현장인 건 마찬가지지만….
마을 곳곳에서 기분 좋게 느릿느릿한 기분이 느껴지는 건 부정할 수 없지.
바로 그거예요!
뭐 여튼, 오늘 고생했어. 잘 자고 내일 보자.
응, 잘 자요.

다음 날

완성!!!

와아아

탁

괘-괜찮아.
한 번 닦으려고 했어.

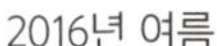
2016년 여름

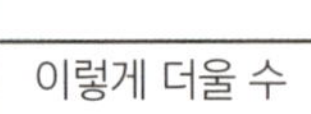
이렇게 더울 수 있나 싶었던 여름.
저도 남들처럼 낯선 곳으로 훌쩍 떠나는 휴가를 기대하고 있었죠.

그러나 현실은

나는 분명 휴가를 왔지만 마치 휴가를 오지 않은 듯하다.

맴맴~
또 문경입니다.

덥다.
찜통….
그늘인데도
바람이 불지 않아….
흐느적
먹어.
아이스커피.
오
짤랑

아득
아득

아- 반나절을 물에 있다 나왔는데
왜 해가 지지 않는가….
맴맴-

산속으로 갈걸…
개천가라 더
더운 것 같네….
아이스박스…
엄마- 반칙이야…!

나도 아이스박스에
들어갈래!
퍽
퍽
에이 이러지 마
이건 내 거야!
치사하다!
여길 피서지로 정한 건
엄마잖아!
책임을 져야지!
낸들 이렇게
더울지 알았냐?
욱신거진

막금아 하드 사왔어.
퉁퉁
으악
으악

근데 네 아들 깨워야 하는 거 아니니? 살 다 타겠다.
응? 에고-

으으으-
싫어… 안 가…
아휴 땀 봐. 그늘 없어진 것도 모르고 자네.

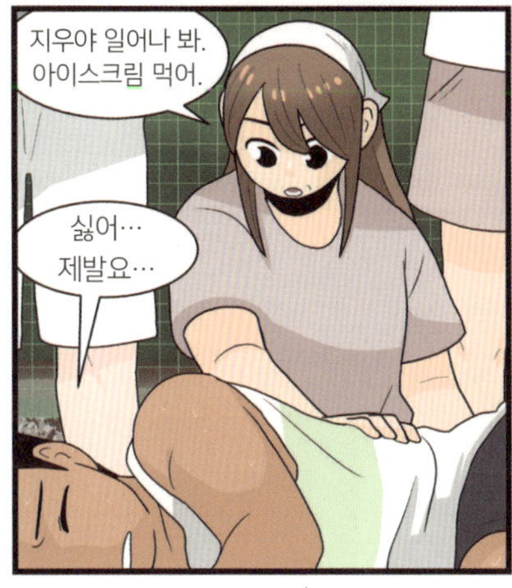

지우야 일어나 봐. 아이스크림 먹어.
싫어… 제발요…

군대… 다시… 안 돼…
악몽을 꾸나 봐.

쭙

근데 이 남정네들은 쌀 씻어온다더니 어디로 증발한 거야?

어우 시원하다~

딸. 수돗가에 아빠랑 이모부 없든?
안 왔어? 나 샤워하러 들어갈 때 쌀 다 씻어서 갔는데.

어디 가면 간다고 말을 해야지
야채까지 몽땅 들고 사라지면 어떡해?

드르렁
드르렁
드르렁
시
원
마늘냄새 심함
XXXX-XXXX

누가 굽는 음식 샀어?
치이이-
하지만 마찬가지로 더운 이 집에서
한낮의 기온은 연일 최고치를 경신하고 있습니다.
결국 우리는 문경 집으로 피신했습니다.
휴가랍시고 아무 일도 하지 않는 것은

되려 우리를 괴롭게 만들 뿐이었습니다.
전 멸
<휴가 이틀째>
뭐 하는 거야?
보면 몰라? 파리 놀이잖아
쩍쩍 들러붙는 장판보다 뽀송뽀송한 벽이 낫다는 걸 붙어봐야 알 것이다.
그래, 열심히 해.

지은아.
아빠한테 전화해 봐.
점심 거의 다 됐다고.

산에 있으면 전화 잘
안 터질 텐데.
아빠도 참 이 더위에
무슨 일을 한다고.
가만히 있으면
더 더우시대요.

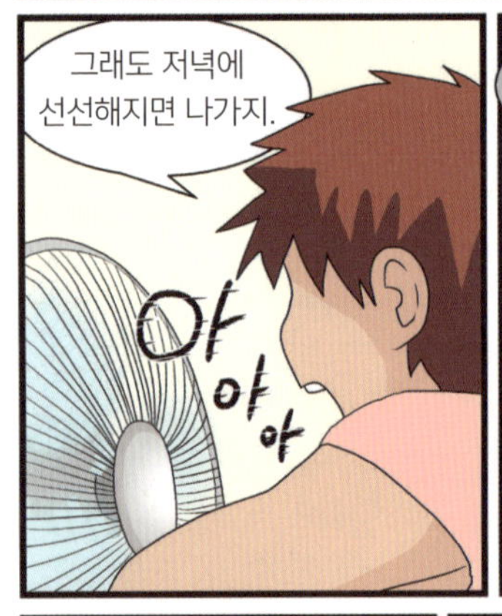

그래도 저녁에
선선해지면 나가지.
아
아
아

그럼 우린 저녁 먹고
수박 보러 갔다 오자.
하아… 이래서 휴가는
집에서 먼 곳으로 가야 돼.
이게 평상시랑
다를 게 뭐람?

게다가 우린 이게
마지막 가족 피서가
될지도 몰라.
왜?

생각해봐. 막상 이사하고 나면
여름은 농번기라 겨울에나 쉴 거고.
되려 친지들이 휴가 갈 데가 생겼다며
죄다 우리 집으로 놀러올걸.
아- 그럼 대접하느라
또 정신없겠구나

우리 왔어~!

뭐야? 오늘도 버섯을 그렇게 많이 땄어?

어! 이거 봐! 노루궁뎅이버섯!
허- 진짜네.

영지는 우리 산에 꽤 많은가 봐? 매번 있네.
이놈은 엄청 신기하게 생겼지? 싸리버섯이야.

지은 아빠 오늘은 싸리버섯으로 할까?
응응. 그래. 처음 발견한 거니까.

여보 이거 시식해볼 건데 좀 삶아줄래?
색깔이 너무 화려한데- 먹을 수 있는 거 맞아?

어 독성이 있긴 한데 삶아서 먹으면 괜찮아.
걱정 마~
그래…?
아 그리고 얘들아. 너희한테도 보여줄 게 있어.
오늘부터 우리 새 식구란다~!
뭐야? 뭔데?

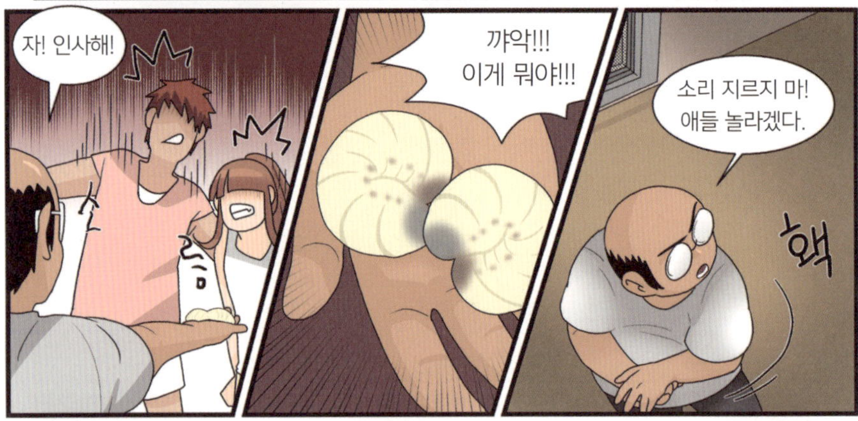

자! 인사해!
꺄악!!! 이게 뭐야!!!
소리 지르지 마! 애들 놀라겠다.
왝

그거 왜 가져온 거예요? 설마 먹을 건 아니죠???
떽!

키울 거야. 일하다가 발견했는데 그냥 두면 죽을 것 같았단 말이야.
키운다구?!!

혹시 아니?
이게 커서 천연기념물
장수하늘소가 될지?
언니 어떡해-
지은 엄마!
우리 스티로폼 상자 있나?
찰칵
밖에서 찾아 봐!
형님 이거
싸리버섯이라는데 그냥
삶아서 먹어도 돼요?
틱틱
틱 틱
그거 키우면 나 아빠랑
같이 안 살 거야!!!
그런 게 어딨어!
아무래도 불안해서
안 되겠어. 형님한테
물어봐야지.
저 양반들을 믿을 수가
있어야지….
난 자신만만할 때가
제일 불안하더라.

휴가 마지막 날.
아빠들은 주원이 할아버지께
단단히 혼이 났습니다.

52화 의외의 용도

삼각

여러분도 잘 아시다시피,
아빠는 온전히 혼자 힘으로 집을 지으려는 원대한 꿈을 가지고 있습니다.

우린 맥가이버니까!!!
하하하
그는 자신만만하며
손재주도 약간은 있는

그래! 아빠가 무지 아늑하게 만들어줄게!
아주 의욕 넘치는 사나이죠.

그런데 말입니다.
고것이 알고싶다

그는 평생 한 번도,
건축과 관련한 일을
한 적이 없었고
비즈니스맨

펑
웅
정보수집은 TV 속 성공사례에
의존하고 있었습니다.

저는 걱정스런 마음에,
전문가에게 의뢰할 것을
제안했지만
그의 완강한 고집에
부딪히고 말았죠.

그래서 지난 몇 주 동안 생각해봤는데
전문가에게 맡기자고 직설적으로 아빠를 설득하는 건 힘든 일인 것 같아요.
그래서 몇 가지 방법을 통해 아빠가 집짓기를 현실적으로 보실 수 있도록 도울 겁니다.
단청
그럼 보일러 실이 이쪽 뒤로 들어간다고?
그래야지. 그 앞에 다락 올라가는 계단을 놓고.
아니 근데 무슨 계단이 이렇게 공간 차지가 커?
사다리로 내리는 거 아니었나?
아이 몇 번을 말해- 내가 말할 때 안 들었지?!
ㄷ자 계단 작게 짜넣자고 그랬잖아.
후아

잠깐 기다려 봐.
내가 그 사진을
어디다 뒀더라?
핸드폰에
캡쳐했던가?

테이블 위의 많은 출력물은
엄마가 수집한 이상적인 집의
이미지 조각들입니다.
굉장히…많군요. 어쩌면
지금 제가 하려는 일이 엄마에게도
도움이 될 수 있겠어요.

아 여깄다.
이거 봐봐.
이게 내가 생각한 가장
이상적인 계단 모양이라고.

생각을 좀 해봐.
도대체 사다리를 설치해서 노년에
어떻게 올라다니려고 그래?
그냥 계단 오르내리는 것도
힘들 판이구만.

아니 그럼 그림을 좀 간단하게 그려!
너무 많아서 뭐가 뭔지 눈에 들어오질 않잖아!
내 그림이 뭐가 어때서! 자기 집은 지렁이 같이 그려놓고선-
뭐가 벽이고 뭐가 문인지도 모르겠고만!
욕심만 많아 가지고- 중요한 건 강조라도 해놓던가!
뭐야~?
우리끼리도 말이 안 통하는데 누구한테 무슨 설계를 부탁하겠냐고?
내가 하고 싶은 말이야!
그러니까-
Ready
조경
셀프도전
자, 지금이 제가 개입하기에 딱 적당한 타이밍인 것 같습니다.

애초에 이런 그림들로
소통하려는 것 자체가…
무리라고
생각하지 않아?
엉성…
빼곡…

인터넷에 예쁜 게
너무 많잖아~
사람이 해도 해도
안 되는 게 있더라~

게다가 엄마, 아무리 욕심이 나도 그렇지
이 많은 사진 자료들은 다 뭐야.
아빠가 기억 못 하는 것도
당연한 일이야~

그치만 집은 직접
짓더라도 설계도는 우리가
만들 수 없으니까.
최대한 많은 샘플로
전문가한테 우리 의견을
전달해야지.
그건 그렇지….

아- 맞다! 그걸
이용하면 어떨까?
왜? 좋은
생각이라도 났어?
딱

그렇습니다. 설계! 집짓기의 가장 기본이 되는 단계죠!
오늘은 두 분의 설계를 도울 '게임' 하나를 소개할 겁니다.
이것도 그다지 전문적인 설계도구라고 할 순 없지만.
적어도 머리 속에 있는 걸 이미지화하는 데에 도움이 될 거야.
서로 지은 집을 비교하면서 논의하기 편할 테고.
설계사에게 말로 일일이 설명하는 것보다 원하는 점을 전달하기도 쉽겠지.
씸즈? 이거 네가 하는 게임 아니니?
SSIMS 4
내가 이 게임에서 얼마나 많은 집을 지었는지 보면 놀랄걸?
가상으로나마 집을 지어보면 지금의 추상적인 초안이 조금은 구체화될 수 있을 겁니다.
기본은 탄탄히 하자구요!
자 이쯤에서 미리 다운해둔 예쁜 집 컬렉션을 보여줍시다.
혹하게요.

어머 이거 예쁘다. 시골집처럼 생겼는데 엄청 아기자기해~!
예쁘지?
이건 다른 사람들이 만든 거고 우리가 직접 지어볼 수도 있어.
별로 어렵지 않아. 한번 해볼까?
그래! 그럼 엄마가 생각하는 집부터 만들어줘!
그러면 아빠도 한눈에 파악할 수 있겠지?

잠깐만 기다려~!
주영 주영

일단 방을 만들어 봐.
잠깐 잠깐. 무작정 방을 만들라니?
그래도 실제랑 유사하게 하려면 기준을 정해야지.

이 거실 소파 몇 cm인지 재줘.
비슷한 크기의 가구 아이템을 기준으로 방 크기를 가늠해보자.
내가 할게!

다행히 씸즈에 관심을 갖는 것 같습니다.
어떤 집을 지으려고 하는 건지 저도 궁금하네요.

벌
컥

누나야…
ㅇㅇㅇ….
누나가 엄마아빠한테
씸즈 가르쳐줬어?

응. 속도가 좀 느리지만
곧잘 하시는 것 같지?

처음엔 내가 붙어서 도와드릴 작정이었는데~
아니 그게
아니라니까?
가벽을 이렇게 뻗으라고!
왜 말을 못 알아들어?

어디 가?
아빠 집 완성하려면
한참 남았어.
드륵

아빠 여기 앉아 봐.
내가 계속 옆에서
도와줄 순 없으니까.
어떻게 하는 건지
알려줄게.
흥칫!
그래. 알려줘 봐!
답답해서 어디 같이
일하겠어?
짜증이 나서 벽 짓는 것부터
하나씩 다 가르쳐주고
나는 손을 뗐지!!!
완벽해 완벽해!!
꽈악
깔 깔 깔
엄마아빠가
하루 종일
컴퓨터 앞에
앉아 있으니까~
부들 부들
내가 게임을 할 수가
없잖아!!!
내 분노를 담아 시공의
폭풍 속으로 보내주겠어!!!
꺄악!!!
자기가 만드는 집은
내가 만든 거랑 구조가
꽤 다르네.

① 건축은 어떤 단계로 진행될까요?
　　1) 집터 잡기 -> 2) 측량과 설계 -> 3) 건축 허가 또는 신고 ->
　　4) 시공사 선정 및 예산 수립 -> 5) 착공 및 각종 세부 공사 -> 6) 준공 검사

② 이 중 필히 건축 전문가의 손을 빌려야 하는 단계가 있다는데?
　　: 집을 직접 지을 수 있는 능력이 있다고 해도, 설계도면 작성은 비전문가가 할 수 없습니
　　다. 건축 허가를 받거나 신고를 받을 때 반드시 건축가의 날인이 찍힌 설계도면을 제출
　　해야 하기 때문입니다. 이때 필연적으로 설계비용이 발생하고 건축규모가 클 수록 가격
　　이 상승합니다.

③ 설계 비용이 만만치 않은데 직접 하면 안 돼요?
　　: 비전문가가 만든 설계도로 건축인허가를 받는 것은 불가능합니다. 하지만 설계 비용을
　　아끼고 싶다면 '표준설계도'를 사용하는 방법이 있습니다. '농촌주택 표준설계도'는 한
　　국농어촌공사/귀농귀촌종합센터에서 제공하고 있으며 면적과 주택유형별로 나눈 20여
　　종 중 입맛에 맞는 하나를 골라 인허가를 받으면 됩니다.

④ 어떤 집을 지을지 미리미리 고민해봅시다!
　　: 건축가와 건축주가 많은 의견을 교환했을 때 더욱 좋은 집이 나온다고 합니다. 미리 정
　　보를 모으고 계획을 정리해두면 상담 시 본인이 원하는 바를 정확하게 전달할 수 있겠
　　죠! 여력이 된다면 그림을 그리거나, 만화에서처럼 게임을 이용해 가상건축을 해보거나,
　　미니어처를 만들어보는 등의 활동을 해보세요. 생각지도 못한 허점을 발견할지도?

53화 집 짓기 전에 고려할 것들

세계정복
으와앙
수박은 7m까지 자라기도 한대!
만약 우리 수박들이 그렇게 클 작정으로 줄기를 뻗고 있다면-!
쿡

과연 다음 주말까지 괜찮을까?

글쎄- 사실 난 줄기가 어느 방향으로 뻗을지조차 잘 모르겠어.
굴적

덩굴이 꼬이고 엉켜서… 언젠가부턴 수박잎 들춰가며 곁순 찾는 것조차 힘들어졌단 말이야….
동감이야…. 이젠 뭐가 어떤 줄기인지도 구분이 안 돼.

어쨌든, 정 불안하면 조금이라도 안쪽으로 밀어넣자.
응. 그러는 게 좋겠어.

나도 그 사람들이랑 괜히 부딪혀서 문제 만들기 싫어.
엄마랑 이모도 곤란해할 거야.

봐라!
탕
오오오
이게 뭐야?
으쓱
으쓱
집 모형. 어때?
뽀대나냐?
이야- 끝내준다
사진인 줄 알았어-.
어떻게 만든 거야?
너희들. 아이들이
게임 많이 한다고
무시하지 말아.
뜬금없이 그게
무슨 소리야.
까딱
이게 다 '씸즈'라는 게임에서
만든 집이라구.
진짜?

봐봐.
너희 보여주려고
몇 장 더
뽑아왔거든.
주섬

방금 건 평면도였고.
이건 비스듬히 찍은 사진.

다음은 시간대별로!
노을 질 때!!
저녁에 조명 켰을 때!!!
아침!
점심!
촤
라
락

그래. 이거 보니까 딱 알겠어.
거실이랑 침실에 빛이 들어오게
자리를 잘 잡았네.
약간 동남향으로 설정했어.
보일러실이랑 부엌은
북쪽으로 나게 했구.

또 있어. 이게 외관이야.

흠… 너무 으리으리하지 않니?
맞아. 평면도만 봐선 감이 잘 안 왔는데-
막금아 이건 너무 커.

세제 감면 같은 지원을 받으려면 이거보다 훨씬 작아야 할걸?
곰곰
몇 평이더라? 30평? 그 이하였던 것 같은데-

응. 나도 알아.
이 집도 실제로 지으면 높이도 크기도 이 사진보단 작을 거야.

게임이다 보니까 원하는 걸 다 표현할 순 없더라구.
다락방을 만들고 싶었는데, 그게 잘 안 되서 어쩔 수 없이 2층으로 모양만 냈어.

사실 ㄷ자 계단 아이템도 없어서 일자계단으로 위치만 잡아놨지.
아아~그런 점은 감안해야겠네.

그래도 생각을 정리하는 데는 좋아.
봐봐. 처음엔 방 크기가 꽤 컸거든?

그런데 드레스룸을 만들어넣으니까 방이 클 필요가 없겠더라.
그래서 거실 크기를 더 키웠어.
쯩긋

잘됐네. 안 그래도 너희 집은
식구들이 방 놔두고 죄다 거실에 나와서 놀잖아.
부스럭

그럼- 침대방 하나는 너희 부부 거고
나머지 하나는 지은이 건가?
드륵

아니. 지은이는 다락방 쓰기로 했어.
걘 또 그게 로망이라.

그건 나중에 우리 엄마나 어머님이 같이 사시면 드릴 방이야.
내 것도 좀 봐요. 지은 엄마 거랑은 달라.
액
그래요. 재석 씨 것도 어떨지 기대되네.
어때요? 훌륭한가?
이 집은 너무 춥겠는데? 가로로만 엄청 길어.
우리 집터가 바람이 많이 불잖아요. 이렇게 지으면 난방비 무지 나올 거야.

며칠 후
애들이 올 때가
됐는데-
째깍
째깍
…

당신이 만든 집이
내 거보다 나을 게 뭐지.
불
쑥
아이 깜짝이야~!

뭐야~ 친구들이
자기건 별로라고 해서
삐졌어?
…

고칠 거야.
안 춥게.
그래. 생각할 시간 넉넉해.

사실 나도 거실
동선이 비효율적이라
고민이 많거든.
그러니까 나중에 각자
만든 집의 장점만 쏙 뽑아서
좋은 모형을 만들어보자.

딩동
어 왔나 보다!

♪♬

기이잉
오늘은 무슨
게임을 할까나?

띠리릭~
나 왔어요~!

다녀왔니~?

누나… 이모들이
우리 집에서 씸즈를
하고 있잖아…!
어 이모들도
집 하나씩
지어보신대!

스슥
스슥

바스륵

빼애액-

꼭 필요한 공간은?	거실, 화장실, 침실 2, 부엌, 온실('난'쟁이 씨 요청), 창고 다락(딸내미 찜), 세탁실, 드레스룸!!!(내 로망!!!), 여가 공간??
우리 가족의 생활 패턴	가족 모두 방보다는 거실에서 생활하는 시간이 많으므로 크면 좋겠음, 식사도 식탁보단 거실에서 해결하는 편
동선 계획	중심인 거실에서 각 방과 외부로 이동이 빠르고 쉽도록 부엌(ㄷ자)과 창고, 세탁실의 동선은 이어지도록 배치
예상 거주자	나, 남편, 딸내미(결혼한다면 나갈지도 모름), 우리 엄마, 어머님과 아버님(확실치는 않으나 대비해야 함)
집터 환경	바람이 많이 분다. 방풍 대책이 필요함 토양은 배수가 비교적 잘 안 되는 편(정확한 파악 필요) 겨울엔 눈이 좀 오지만 왕래에 차질은 없음 햇빛이 잘 들고 전망이 매우 좋고, 마을 상수원과는 아주 가까움
이웃집(친구들 집)과의 배치 문제	도로 배치를 보고 결정할 예정 서로 조망권을 침해하지 않는 위치로 상의
규모 제한 및 예산	농가주택의 세제감면 혜택이 주어지는 면적 내에서 설계를 마쳐야 함. 예산은 현 서울자택 가격의 반 정도

이런….
잘렸어….
바스락…

도대체 뭐가 마음에 안 드는 걸까? 말뚝을 박은 거?
에이 그 사람들도 애초에 땅 주인 허락 없이 쓰던 땅이야.
그걸 도로 거둬 갔다고 해서 이렇게 오래도록 적대시한다고?
도대체 왜 이렇게 우릴 싫어하는지 모르겠어.
꽉 악…
수박잎이 땅 경계를 넘어간 건
미안한 일이지만….
굳이 이런 식으로 경고를….
벌목할 때 대힝트릭이 밭을 조금 밟았다고 하지 않았어?
혹시 그것 때문인가?
그치만 그 일은 아빠가 잘 이야기해서 마무리 지었다고 했는데….

막걸리 다섯 병!
그 정도는
돼야지!
쨔랑

와 역시 형님!
맛있는 안주도
대접할게요!
에이 그런 말은
집 둘러보고서
마음에 들면 해!

이 집이야 주말에만
잠깐씩 지낼 거였으니까
알아보는 데 별 문제가
없었는데-

국진네 부부, 재석네 부부,
어라 또 누구였더라?

저희 딸이요.
개도 두 마리 있고요.
아 그래! 딸애가 같이
살 거라고 그래서 시간이
더 걸렸어.

그런 거 걱정 안 하는 세상이면 좋겠지만-
여긴 잠금 장치가 너무 허술해.

게다가 다섯 사람이
불편 없이 지내려면
크고 넓어야지.
꼴꼴꼴…
막걸

그런데 마침
지난주에 시내로 이사 간
가족이 있거든.
얼른 집주인한테 가서
보여줄 사람이 있다고
열쇠를 가져왔단 말씀!

내 마음에는 쏙 드는데
자네들은 어떨지 모르겠어.
쭈우욱

비틀
자 다들 나오라고 해!
한번 가보자구!
애들한테 전화해서
내려오라 할게요.

아 어깨 빠진다…
힘들어…
언니 오늘 일,
어른들한테
말할 거지?

그래야지….

언니 전화벨
울려-
떨
르
릉

아빠야.
떨
르
릉

우리 왔어요.

안 그래도 전화 걸던
참이었어.
잘됐다….
마침 주원이 할아버지가
와 계시는구나….

안녕들하신가?
아저씨 안녕하세요.

얘들아, 바로 옆에 괜찮은 빈집이 하나 나왔는데 같이 보러 가자.

집? 집을 왜 보러 가요?

해주한테는 아직 말 안 했어?
우리 가족은 9월에 바로 이사할 게 아니잖아.
아직 서너 달은 남았다구.

이사? 엄마 아빠 이사해? 언제?
해주야….

아 그렇지- 좀 난감한 일이 생겼어요.
집 보러 가기 전에 말씀드릴게요.

뭐어어!!?

조금씩이지만, 넘어간 부분은 여지없이….
미안해 엄마… 우리도 신경 쓴다고 했는데….

이를 어쩌나… 혹시라도 그걸 가지고 또 문제를 삼는다면…

저도 그게 제일 걱정돼요. 어떻게 하죠?

일단 행여라도 다시 넘어가는 일 없도록 조치를 취해야지.
그래. 덩굴 방향을 돌린다든가-

으샤
그래서 아까 최대한 방향을 틀어놨어요.

하아…
가뜩이나 불편한 관계인데 이런 일이….
아니 말로 하면 되잖아. 자기보다 한참 어린 애들한테 이렇게 극단적인 경고를 보내야 해?
하지만 정중히 사과하고 조용히 넘어가는 편이 좋겠어.
어쨌든 그쪽에서 잘잘못을 따지고 들면, 우리는 할 말이 없으니까.
글쎄… 사과를 하면 받아주긴 하려나.
그러니까
특별히 자네들을 싫어해서 그러는 게 아니란 말일세.
이미 눈치로 대강 알고 있을지도 모르지만
그 부부, 자네들하고만 사이가 안 좋은 게 아니거든.

아마도 이 마을 사람
모두가 싫은 거겠지….

흐음…

그 말씀은… 마을 사람들과
그 부부 사이에 무슨 문제라도
있었나요?

글쎄… 케케묵은 옛날 일이란다.
굳이 네가 알아서 좋을 게
없을 것 같구나.
가시려구요?
으쌰-

어. 오늘은 날이
아닌 것 같으니까.
집은 내일 아침
일찍 보러 가세.

그 부부하고는 그냥, 앞으로 더 부딪힐 일 없도록 조심하도록 해.
자네들이 어찌할 도리가 없을 거야.
아 그리고 얘야. 정 불안하면 수박이 다 자랄 때까지
말뚝 근처에 흙으로 벽이라도 쌓아둬라.
수박도 그걸 하루아침에 타고 넘을 재간은 없을 게다.

나 가네! 내일 봐!

언니….
무슨 일이 있 었던 걸까…?

다음 날 아침, 아저씨의 조언대로
말뚝 근처에 기다란 흙벽을 쌓았지만

어쩐지 찝찝한 느낌을
버릴 수 없었습니다.

마치 돌이킬 수 없는
큰 벽을 세우는 것만 같은….

사진으로 보는 현실 귀농 이야기

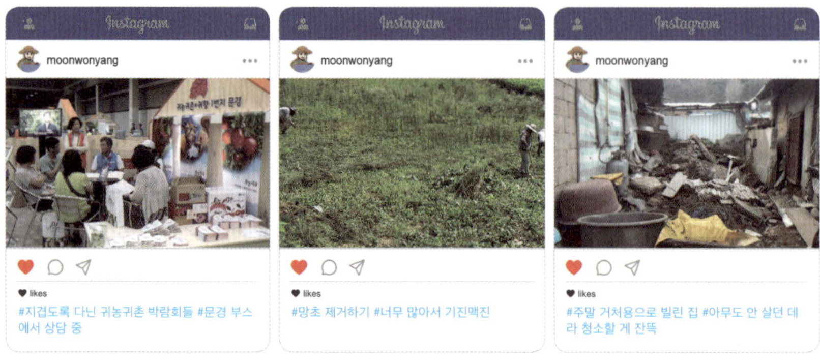

#지겹도록 다닌 귀농귀촌 박람회들 #문경 부스에서 상담 중

#망초 제거하기 #너무 많아서 기진맥진

#주말 거처용으로 빌린 집 #아무도 안 살던 데라 청소할 게 잔뜩

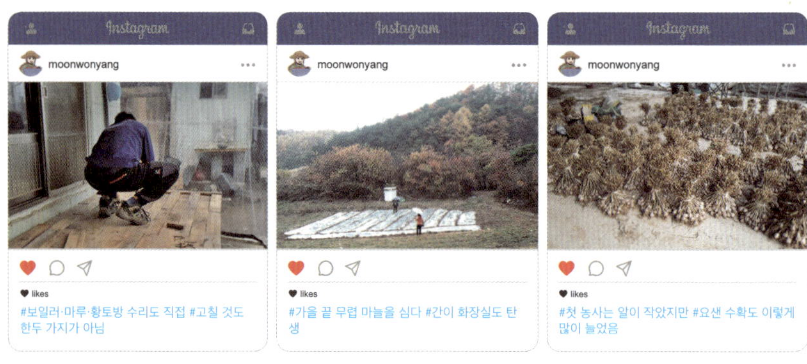

#보일러·마루·황토방 수리도 직접 #고칠 것도 한두 가지가 아님

#가을 끝 무렵 마늘을 심다 #간이 화장실도 탄생

#첫 농사는 알이 작았지만 #요샌 수확도 이렇게 많이 늘었음

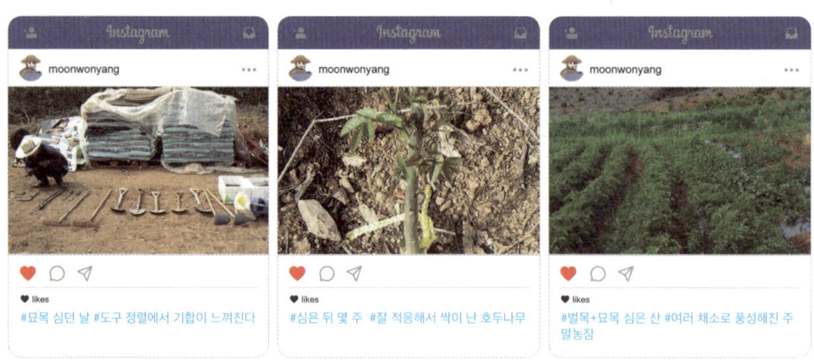

#묘목 심던 날 #도구 정렬에서 기합이 느껴진다

#심은 뒤 몇 주 #잘 적응해서 싹이 난 호두나무

#벌목+묘목 심은 산 #여러 채소로 풍성해진 주말농장

moonwonyang
#사실 산속에 산삼씨도 뿌렸는데 #아무 데도 싹이 나지 않았다
moonwonyang
#연탄보일러 불편하긴 한데 # 고구마 굽는 덴 좋더라
moonwonyang
#밤사이 깨져버린 간장독 #구제할 수는 없었다고 한다

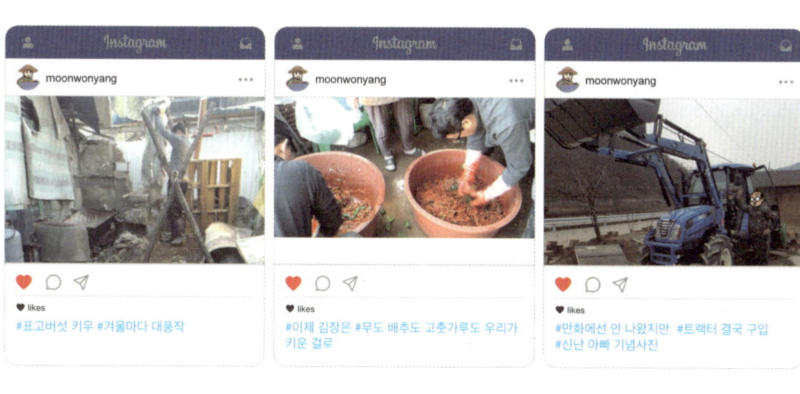

moonwonyang
#표고버섯 키우 #겨울마다 대풍작
moonwonyang
#이제 김장은 #무도 배추도 고춧가루도 우리가 키운 걸로
moonwonyang
#만화에선 안 나왔지만 #트랙터 결국 구입 #신난 아빠 기념사진

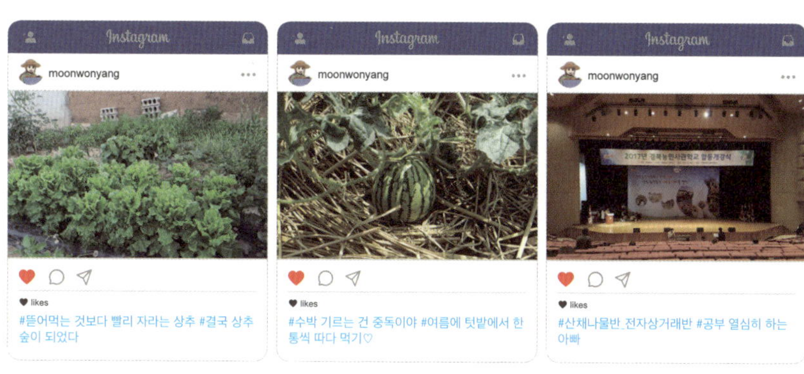

moonwonyang
#뜯어먹는 것보다 빨리 자라는 상추 #결국 상추 숲이 되었다
moonwonyang
#수박 기르는 건 중독이야 #여름에 텃밭에서 한 통씩 따다 먹기♡
moonwonyang
#산채나물반, 전자상거래반 #공부 열심히 하는 아빠

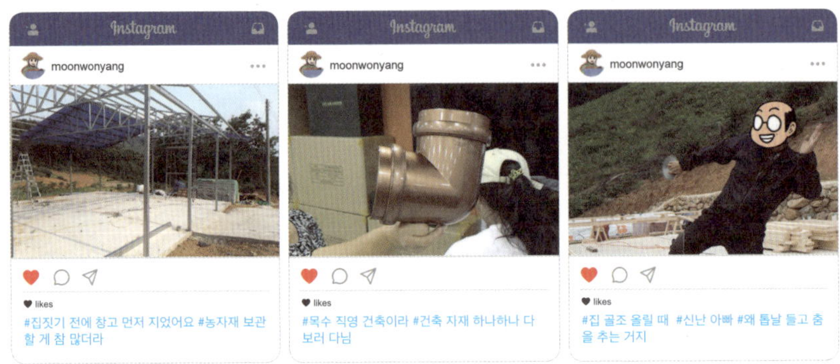

moonwonyang
likes
#집짓기 전에 창고 먼저 지었어요 #농자재 보관할 게 참 많더라

moonwonyang
likes
#목수 직영 건축이라 #건축 자재 하나하나 다 보러 다님

moonwonyang
likes
#집 골조 올릴 때 #신난 아빠 #왜 톱날 들고 춤을 추는 거지

moonwonyang
likes
#한 지붕 아래 노견 둘 #투닥거려도 일광욕은 같이

moonwonyang
likes
#초보 담배 농사꾼 #고심 끝에 수입을 위한 선택

moonwonyang
likes
#노랗게 마른 담뱃잎 #서툴지만 천천히 노하우 쌓기

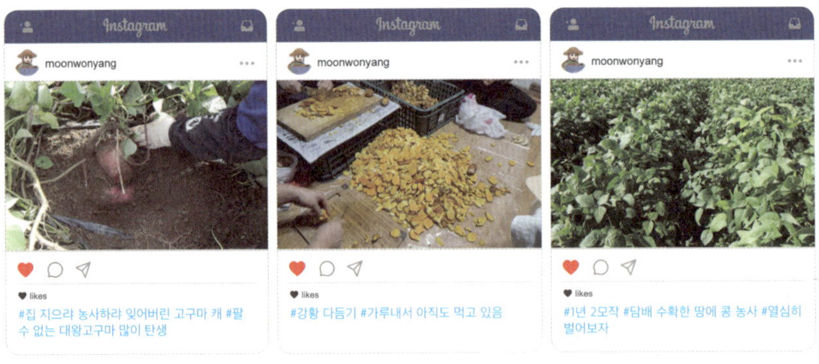

moonwonyang
likes
#집 지으랴 농사하랴 잊어버린 고구마 캐 #팔 수 없는 대왕고구마 많이 탄생

moonwonyang
likes
#강황 다듬기 #가루내서 아직도 먹고 있음

moonwonyang
likes
#1년 2모작 #담배 수확한 땅에 콩 농사 #열심히 벌어보자